JN139519

宮澤賢治を追って——イーハトーボの虫たち

宮澤賢治を追って

——イーハトーボの虫たち

目次

はじめに

高校生の頃宮澤賢治を好きになって、以来賢治に関する本が出る度に買って来た。しかし新刊ばかりで、高価な古本には手が出なかった。高校に勤めるようになって、希望して学校図書館の係になることが多く、正式な司書のいない学校もあったので、図書の登録、整理などもいろいろやった。その体験を生かして、自分の賢治の本もカードを使って整理していた。

二〇一三年頃、賢治関係の評論・作品論などが四七三冊、雑誌の特集号などが九六冊、賢治の作品が全集を含めて四一冊、計六一〇冊ほどが溜まっていた。買っただけで読まずに放置したものも多い。将来、暇ができたらじっくり読んで、賢治についての本を書きたいと思っていたが、健康上の理由もあり、とても手に負えないとあきらめて、家の改造を機会に整理してしまおうと決心した。カードの目録をパソコンに打ちこんであったので、古本屋に見積もりをしてもらった。しかし幾らにもならないと分かり、町の図書館で欲しいというのを幸い、寄贈してしまった。

二〇一五年になって、それの整理ができ、「宮澤賢治コーナー」をつくってくれた。古本屋に売ってしまえばそれきりだったが、町の図書館にあれば見たい時にはすぐ見ることができるので、ありがたいことだった。

そして、それを機会に、賢治についての講演を頼まれた。二〇一六年は賢治が寄居町に来て一〇〇年になる。それを記念しての企画だった。あまり深く考えず、引き受けてしまったが、何を話すか考えているうちに、大変なことを引き受けてしまったと、後悔したが後のまつり。ただ好きだったというだけで、研究者でもないし、賢治学会に入ったことも無い、まあ何とかなるだろうとぽつぽつ喋ることをノートしていった。

私の属している「花実短歌会」の『花実』という雑誌の二〇一五年五月号を開くと、最初の「前月佳什抄」という欄にこんな歌が載っているのが目に入った。

気持ち込め永訣の朝朗読す霙降る午後国語の授業　　会川　淳子

「永訣の朝」を知らなければ読み過ごしてしまうのだろうかとふと思った。知っていれば多くの思いが溢れ出す。「永訣の朝」という詩の言葉も頭の中に鳴り響く。その時の賢治の気持ちも、この歌を詠んだ作者の気持ちも、多くのことが浮かんでくる。霙降る午後が素晴らしい。これを話の導入に借りよう、と思いついた。そして「宮澤賢治と私」という題を決め、話すことのレジュメを書き始めた。

講演を終って多くの不満が残っているのに気がついた。時間の配分が悪くて用意したことの多くが省かれてしまったこと、私自身の中の賢治像が未消化だったこと、引用したかったができなかったこと、やはり喋ることには限界があり、本を書くことでこの不満が解消されるのではないかと思った。

一冊の本を書くほどのものは持っていないが、講演をしたことを膨らませる形で書いてみたらどうなのだろうかと考え始めた。一九一六年（大正五）に賢治が埼玉県の秩父三峰まで地質調査の研修旅行で行ったことで、そのルート上の秩父鉄道沿いに、熊谷・寄居・長瀞・小鹿野と点々と歌碑が建立されている。それをまとめることも意味があるのではないかと考えた。また、私自身のやっている昆虫、特に蜂について賢治との関係で、幾つかの短い文章を書いたことがあるので、それを加えれば一冊になるかもしれないと思い、書いてみる気になった。

以前、戦争中の話をしてくれと頼まれ、学童集団疎開の話をしたことがある。それをまとめて一冊の本にした体験が役立つだろうという気持ちもある（『私の学童集団疎開――小学校三年生の体験した戦争――』二〇一二　すずさわ書店）。もちろん私は専門家ではないし、新発見、新考察などはない。あくまでも私が生きてきた八〇年の中で賢治をどう見てきたかということをまとめたに過ぎないことをお断りしておく。

自己紹介　最初に簡単に自己紹介をしておこう。一九三五年、東京に生まれた。賢治が亡くなったのが一九三三年なので、直接の接点は何も無い。すべて作品からの影響である。学童集団疎開で埼玉へ、小学校は四校、中学は三校を体験している。すべて戦争のためである。小石川高校から一年浪人をして北海道大学に入った。大学受験は一期が北大の理二、二期は自転車でも通える東京農工大の、農芸化学を受けた。これは明らかに賢治の影響である。しかし農芸化学は落ちて林学に回された。一期に受かったので家を出たいという希望はかなえることができた。

理二は農学部・理学部・工学部などに教養の成績で進学できたので、希望者の多い学部を目指す者は単位も多く取り、勉強していたようである。私は農学部・農業生物科・昆虫学教室に進んだ。この教室に入ったのは私一人だった。高校時代に好きになった宮澤賢治と、『ファーブル昆虫記』によってとりこになった蜂の世界のどちらを選ぶか、迷いがあった。賢治の道とは、農芸化学を経て農民のためになることである。

大学一年が終り、三月の休みには帰省しなかった。休みいっぱいを使って王子造林という会社でアルバイトをした。造林を調査してきたデータの整理だった。日給二〇〇円で、一ヶ月のバイト代で中古の自転車を買った。そして二年の夏休み（一九五七年）、念願の札幌―東京（三鷹）間を自転車で帰った。

その目的の一つは賢治の故郷に寄ることだった。普通のママチャリで、国道四号線もまだほとんど舗装のない時代だった。花巻の町で店の小母さんに賢治の碑のある場所を聞いたら、「賢治さんね……」とさん付けで呼んだのが嬉しかった。

花巻市桜町四丁目、羅須地人協会跡にある「雨ニモマケズ」の大きな碑（高村光太郎書）の前で、もし周りに人がいなかったら泣いてしまったと思う。あの気持ちは何だったのだろう。旅館には一度も泊らず、学校・公民館・知人宅・小学校の時の先生の家などに泊った。一九日をかけての一人旅だった。突然飛び込んだ学生を泊めてくれたのだから、まあいい時代だったと思う。

卒業の時も迷っていた。教室に残るならタマバチをやれと言われたが、学者への道は語学が苦手な私には考えられなかった。農薬会社のような企業を嫌っていたのはやはり賢治の影響だろうと思う。親が教員だったこともあり、教員になることはほぼ決めていたが、絶対に受からないと言われていた国家公務員試験になぜか受かってしまった。後は成り行きで国家公務員への道に進むことになり、九州農事試験場へ行くことが内定していた。家が東京なので近い方がいいだろうと、農林省本庁にいた教室の先輩が骨を折ってくれて、埼玉の鴻巣にあった関東東山農事試験場に行くことになった。

ここは筑波に移ってしまい、現在は県の車の免許センターになっている。

ここには結局四年いて辞め、埼玉県の教員になった。このときもいろいろないきさつがあったが、この年東京都は理科の教員は取らず、年齢制限もあり、結婚もしていたし、背水の陣だった。多くの方々に迷惑をかけたと思っている。

埼玉では三二年間高校で生物を教えた。理科Iという科目を持たされて、物理・化学・生物・地学をやった年もある。自分の高校時代に取らなかった地学は「教科書を」教えていた。実物、例えば岩石を聞かれても全くわからなかった。

学校の傍ら『埼玉県動物誌』の調査・編集委員に加えてもらい、しだいに蜂との付き合いが増えていった（南部敏明『埼玉県の蜂　埼玉県動物誌』一九七八　埼玉県教育委員会）。市町村史をまとめるのが流行っていて、同時に動物・植物・地質などを調査したところも多かった。埼玉県に教員で蜂をやっている人が他にいなかったので、同時に五つの市町村を調査していたこともある。バブルの崩壊で、この動きは止まってしまった。一九九六年に退職し、もう二〇年目になる。

人の一生はそれなりに複雑なものなので、何年（西暦・元号）・何歳・どこに住み・どこに勤め・どういう仕事をして・その時の世界・日本の主なできごと、などを一枚の紙にまとめておくと分かりやすい。覚えなくてもいいし、必要な時はいつも見ることができる。これを「自分史」と呼んで、一九九六年に書き直したものを今でも使っている。いろいろな事があったと思う。

退職後の二〇年間はあっという間に過ぎてしまったという感じがする。そのうちの四年間は、毎年六月〜九月の四ヶ月はアリを見て過ごした。アリも蜂の仲間であるが、集団で行動する昆虫の観察は初めてのことで、戸惑うことが多かった。他の種類のアリの蛹などを分捕って来て、そこから出てきた働きアリを奴隷として使うサムライアリという種類があり、奴隷になるのはクロヤマアリである。一つの巣のアリがどれだけの奴隷になる蛹などを運んで来るかを調べるのが中心で、四年間の総収穫数は一七万三八一個体になった（南部敏明「サムライアリ *Polyergus samurai* Yano の奴隷狩り」『里山の自然研究』10　二〇一一むさしの里山研究会）。残念なことに、この巣は道路の拡張工事で潰されてしまった。

宮澤賢治との出会い　童話　今となってははっきりとは分からないが、賢治が私の心に住み着くようになったのは高校時代（一九五二〜一九五五年）であることは確かなようである。童話を読んだのは小学校に上がる前で、家に一冊の童話集があった。「風の又三郎」「貝の火」「オッペルと象」などが入っていたと思う。当時は本が少なかったから、何回も繰り返して読んだと思う。『漱石全集』とか『菊池寛全集』とか、家にあった本は手当たりしだいに読んだから、賢治童話が取りたてて素晴らしいとか、感じたことは無かったと思う。

新潮文庫の詩集　はっきり覚えているのは薄っぺらな新潮文庫で一九五五年（昭和三〇）六月一四日に、新刊を五〇円で買ったと書いてある、『草野心平編「無声慟哭」「オホーツク挽歌」宮澤賢治詩集』という文庫本（一九五三年）である。妹のトシが亡くなった朝から、翌年の、トシを思いながらの樺太までの傷心旅行、その時詠んだ詩（心象スケッチ）だけをまとめて一冊にしたものである。草野心平の解説が素晴らしかった。初めて詩というものの素晴らしさを理解できたような気がした。

北大に入学して、東京との往復のＳＬ列車で、いつもこれらの詩を思っていた。「……客車の軋りはかなしみの二疋の栗鼠……」

それはまた「銀河鉄道」でジョバンニとカンパネルラが乗った列車とも通じている。どこか途中にながい長い下り坂があった。

「えゝ、もうこの辺から下りです。何せこんどは一ぺんにあの水面までおりて行くんですから容易ぢゃありません。この傾斜があるもんですから汽車は決して向ふからこっちへは来ないんです。そら、もうだんだん早くなったでせう」。さっきの老人らしい声が云ひました。（銀河鉄道の夜）
現実の東北線にも長い下り坂があった。まだ当時はＳＬが客車を引いていて、煤煙でワイシャツの襟が黒くなったものだった。
上野を夜発って、青森が朝、連絡船に乗って北海道に渡り札幌に着くのが夜だった。そうだ、それは急行に乗った時だった。急行を使えば二四時間で行ったが、急行券代を浮かそうと全てを普通で行くと、上野から札幌まで四八時間、丸二日かかった。その間何回食事をしたのだったろう。急行列車の待ち合わせ、連絡船の乗り換え、すべて急行を中心に運行していたから、普通列車は止まっている時間が多かった。「こんなやみよののはらのなかをゆくときは／客車のまどはみんな水族館の窓になる」青森挽歌の一節を道連れに、自分でも心に浮かんだいろいろなことを手帖に書き付け、心象スケッチと称していたっけ。その時書いた手帖は残っていない。

「賢治の穴から出よう」 新聞や他の切り抜きが大学ノートに貼ってある。一冊目の大学ノートは全てハンドコピーしたものである。私が教員になった頃はまだコピー機が無かった。コピーは紫色の青写真とよばれるものでそれは雑誌などをコピーするには使えなかった。雑誌の中に出てくる賢治のことを書いた文章や、昆虫の論文などは、手で書き写すか写真に撮るしかなかった。

二冊目の新聞等の切り抜きを貼ってあるノートの最初のページに、丸岡秀子氏の「賢治の穴から出よう——日本から人生論をなくす道——」という文章が貼ってある。一九五六年の一月二二日号、『週刊読売』の「若い河」という二頁の文章である。この文章を特に素晴らしいと思った訳ではない。当時浪人中だった私にとって、良く分らないが、何となく気になった文章だった。

「疑うを止めよ」という賢治の詩が、若く真面目な労働者の目を開かせるのを阻害しているというのである。「疑うを止めよ」という詩がそれ程一般に知られているとは知らなかったし、賢治のとらえ方にも賛同できないものを感じた。にもかかわらずこの文章が私の心をとらえたのは何だったのだろう。人生をどう生きるかという悩みを当時の私も感じていたのかもしれない。アメリカの若い人たちにも、ソ連や中国にも人生論は無いだろうという。賢治への回顧は人生論の一部をなすものである、人生論の日本を悲しみ、それを無くす道を日本自身の進む道の中で解決していきたい、と結んでいる。

一九五六年の頃に比べて、日本は、そして世界はより複雑になり、人生論も無くなってはいないだろう。今の若い労働者は当時と同じように人生論に悩んでいるのだろうか。世界に戦争は無くならず、日本も自ら戦争のできる国にしようという政治家の多くいる現在、投票率一つをとってみても若い人たちの悩みがどこにあるのか、よくわからないのである。私は二〇歳になってからの六〇年、ほとんど棄権をしたことはない。しかし小選挙区制が導入されてからはみすみす死票となることがわかっていながらの投票が多くなった。

高校生の時友人に借りた賢治の厚い詩集があった。その本のことはよく覚えていない。しかし宮澤賢治という人は童話作家という前に詩人であることを印象付けられたと思う。それらの詩は一部を除いてよくわからなかった。専門的な用語がそのまま載っていて理解できないものが多かった。しかしその詩の中に科学者としての目を感じ、それが私の中にもある見方と重なるところがあったようである。

亡くなったときはほとんど無名だった　賢治の生まれたのは明治二九年（一八九六年八

月二七日）で、亡くなったのは昭和八年（一九三三年九月二一日）である。

三七歳の若さだった。生前に出した本は、大正一三年（一九二四）に詩集『春と修羅』と童話『注文の多い料理店』の二冊のみである。詩や童話の幾つかは雑誌に発表されていた。出版された二冊の本は全く売れず、それを評価し、人にも勧めていたのは草野心平など僅かの人にすぎなかった。それが現在のように多くの人に知られるようになったのは何故なのだろうか。

私がよく利用していた神田の西秋書店という国文学専門の古書店が二〇〇一年一〇月に出した古書目録が手元にある。その中の「作家・作品論」という部分に誰についての本が多いか調べてみた。一〇位までは次のようであった。

夏目漱石（五〇八）　宮澤賢治（三二六）　森　鷗外（二五〇）　芥川龍之介（一八九）
太宰　治（一七八）　石川啄木（一七七）　島崎藤村（一五四）　三島由紀夫（一二六）
斎藤茂吉（一〇八）　川端康成（一〇六）

もちろんこれは一書店の一年分のカタログに過ぎないが、傾向は分かると思う。そうそうたる人等を差し置いて、これだけの本が出ているということは賢治の人気の高さを示しているものと思われる。

　これは賢治がさまざまな分野に興味を持っていた、いわゆるマルチ人間だったことに関係しているだろう。それぞれ賢治の中に自分の好きな分野を見出し、それを本にまとめている結果、植物・鳥・鉱物・宝石・自然・科学・化学・農業・教育・仏教・短歌・詩・童話・文語詩・音楽等々の本が書かれている。外国人の書いた本もある。賢治はレコード・浮世絵・エスペラント・チェロなどの趣味も持っていた。残念ながら昆虫、特に蜂に関する知識はあまりなかったようで、それをまとめた本は出ていない。

　このように賢治が知られるようになったのは戦後のことであり、「雨ニモマケズ……」がいろいろなところで取り上げられたり、幾つかの原因は考えられるが、はっきりとは分からない。

　埼玉県北部を東西に走る秩父鉄道で月一回出している「秩父鉄道ニュース」という、新聞一頁大で裏表に印刷してある案内がある。秩父線沿線の名所案内、ハイキングコース、行事などが載っている。賢治が秩父路をたどったのと同じ時季の二〇一五年七月号、八月号には賢治の碑についての案内は全く載っていなかった。つまり一般の人には賢治はそれほど興味を持たれていないと言えるのかもしれない。

第一章

宮澤賢治の研修旅行を追って

宮澤賢治と埼玉県

宮澤賢治に関する石碑が各地に作られている。もちろん岩手県内、それも花巻市内および盛岡市内が多いのは当然であるが、北海道から熊本県まで、各地に九〇基以上は建てられている。その場所は賢治の出身地、出身校をはじめとして、一度だけ立ち寄った場所、特に関係はないが建立者の思い入れのある場所など様々である。埼玉県では秩父に研修旅行で訪れた場所に一九九三年以来急に増えてきた。

寄居町立図書館の賢治コーナーにある賢治の石碑を載せている本は六冊のみだった。調べればもっと出版されていると思うが、その六冊は次のとおりである。

1　『宮澤賢治の碑』（花巻市文化団体協議会　一九八五年度　第四集　五二頁　文庫版）
　三六基が載っている　埼玉県のものは無い
2　宮澤賢治記念会『宮澤賢治いしぶみの旅』（宮澤賢治記念会　一九九二年七月　九五頁）

3　四七基　宮澤賢治略年譜　埼玉県は白岡町正福院鐘楼の鐘の鐘銘歌として刻まれている
早稲田大学文学碑と拓本の会編『宮澤賢治　高村光太郎の碑』（一九六九年一一月
二玄社　六四頁）賢治は一二基　碑の写真と拓本　埼玉は無し

4　さいたま文学館『開館記念誌　埼玉の文学』（一九九七年一一月　一一六頁）埼玉ゆか
りの文学者たち　小説・評論・詩・短歌・俳句・川柳・児童文学　賢治は一頁に長瀞
の岩畳と寄居の歌碑の写真

5　吉田精美『宮澤賢治碑写景』（単独舎　一九九三年六月　一一二頁　横長）四七基
カラー写真　碑と碑文原典　宮澤賢治略年譜　埼玉は無し

6　吉田精美編著『新訂　全国編　宮澤賢治の碑』（花巻市文化団体協議会　二〇〇〇年
五月　一四二頁）建立順に九〇基　各碑の写真　碑文　碑文出典　賢治年譜　引用参
考書　埼玉は熊谷、小鹿野（役場前、化石館うら）

これらの中には埼玉県の長瀞町（野上駅前、県立自然の博物館前）と小鹿野町（観光交
流館中庭）の碑が記録されていない。

秩父路の碑は、賢治が盛岡高等農林学校二年生の時（一九一六年＝大正五年）に、地質
の研修旅行で秩父を訪れたことを記念して建てられたものである。この旅行は関豊太郎教

授、神野幾馬助教授が引率して、学生二三名が参加している。賢治が二〇歳、九月である。

二日　上野駅七時一五分着―熊谷駅一五時二〇分着　熊谷町松阪屋(もしくは田島屋)に宿泊と推定
三日　熊谷―寄居―長瀞―皆野町で梅乃屋（もしくは秩父の角屋）に宿泊と推定
四日　金崎（皆野―吉田）―小鹿野　よーばけ見学　小鹿野の寿旅館に宿泊
五日　小鹿野―三峰　三峰神社の宿坊に泊る
六日　三峰―秩父　橋立鍾乳洞　秩父の角屋宿泊
七日　秩父駅―野上駅　上野駅二一時（もしくは二三時）発で帰途

（大明敦『埼玉県立歴史と民俗の博物館紀要』第七号　二〇一三より）

不思議なことに正確なルート、宿泊場所などが分かっていない。詳細な記録を誰も残さなかったのだろうか。同行した教授は出張で来ているはずだが、現岩手大学農学部などにも何も残っていないという。

ところが二〇一一年八月に小鹿野町の寿旅館（二〇〇八年廃業。その後町が購入し、観光交流館として現在に至っている）で、その旅館時代の古い資料を整理する中で、「大正五年」の九月四、五日のページに盛岡高等農林学校の職員・生徒が宿泊した記録が載っていることが発見された。これによってその前後の行動なども明らかとなった。三峰神社宿坊の記録に次いで宿泊場所が明らかになったのは二件目であった。その後この観光交流館の敷地内に「雨ニモ負ケズ……」の碑が作られている。

翌年の大正五年、賢治の一級下の保阪嘉内らがやはり研修旅行で秩父地方を訪れている。嘉内はこの研修旅行で二九六首もの歌を詠み、そのうち一五四首が岩石・鉱物・地質現象を扱っている。盛岡高等農林学校農学科の二年生の研修旅行は、大正三〜七年の五年間は毎年秩父が目的地に選ばれている。このような団体旅行は、毎年同じ宿に泊ることが多いので、嘉内の記録などから賢治の泊った宿が推定されている。

話はそれるが、賢治が秩父に研修旅行に行ったのと同年の一九一六年三月には、修学旅行で東京・京都・奈良・伊勢を巡り、箱根を徒歩で越えて東京に戻っている。一二泊の長旅だった。この時東京（北区）で西ヶ原農事試験場を見学している。

私が西ヶ原の農事試験場に初めて行ったのはたしか高校二年（一九五三年）の時だった。賢治が見学した時と同じ建物だったのだろうか。クリタマバチを調べていてその文献を探しに行ったのだったが、そこで知り合った昆虫の研究者たちとはその後長きにわたってお付き

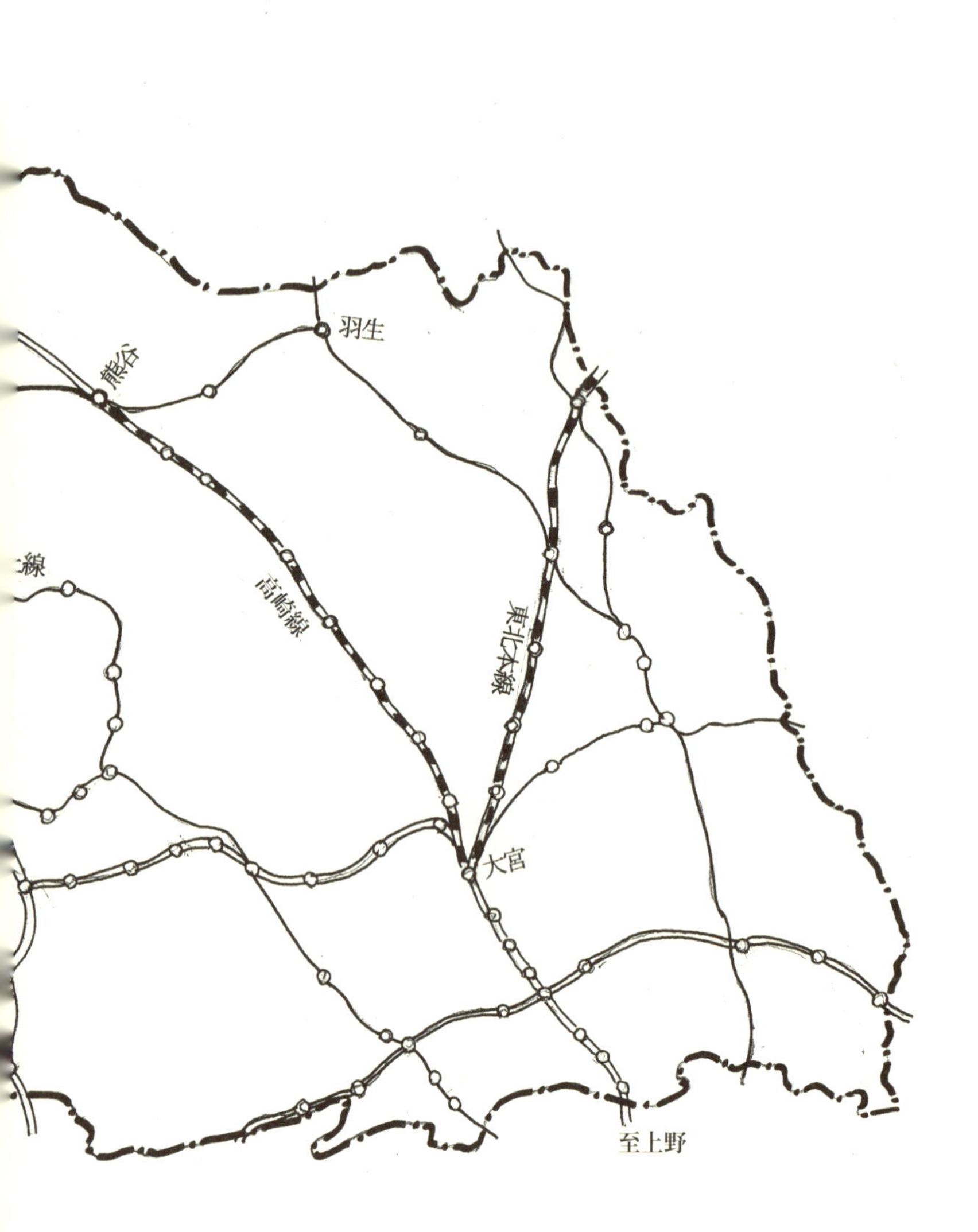
羽生
熊谷
線
高崎線
東北本線
大宮
至上野

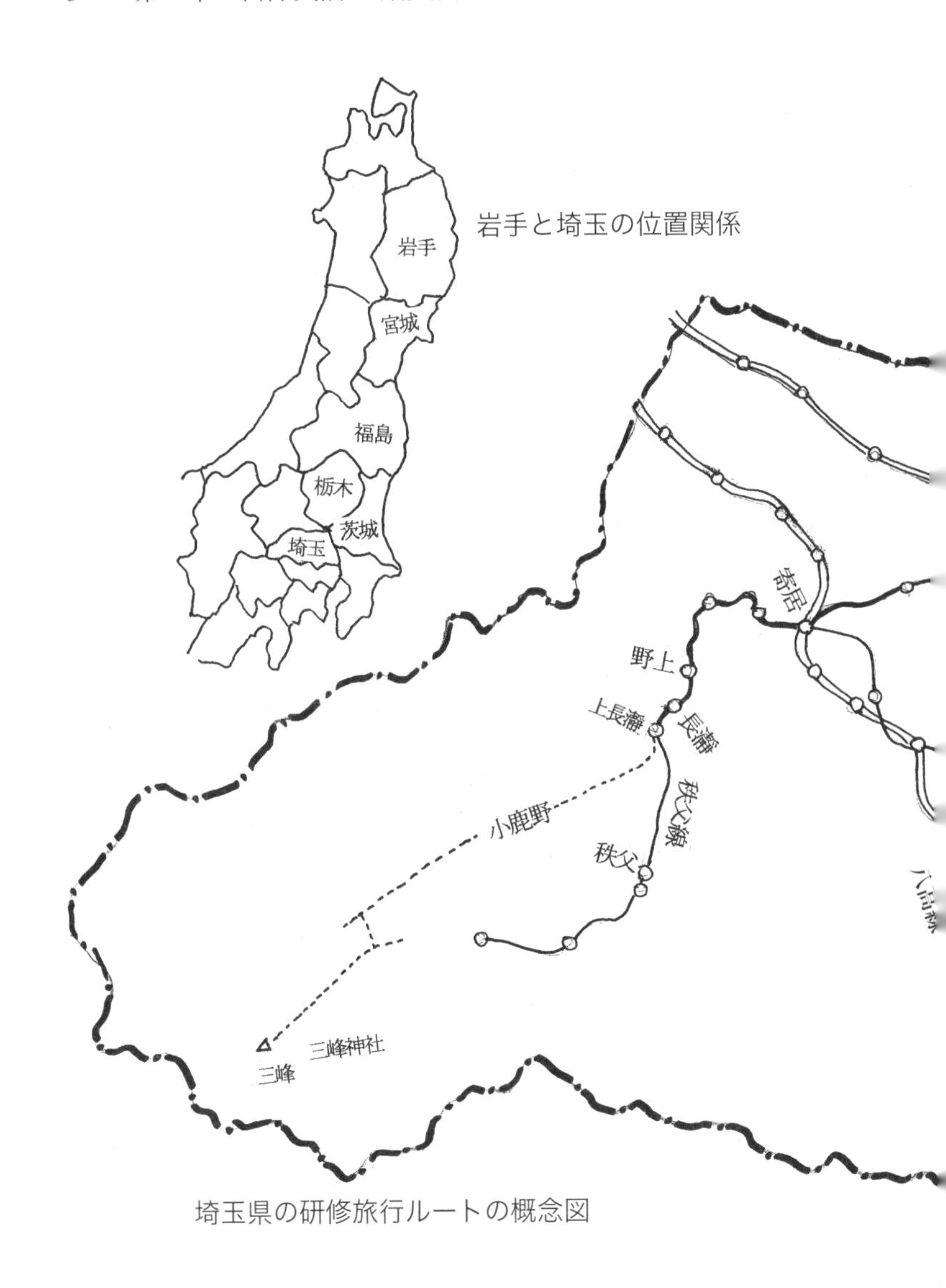

埼玉県の研修旅行ルートの概念図

合いさせていただいた。長谷川仁・福原楢男・土生昶申・服部伊楚子などという方々である。賢治が立ち寄ったことを知っていたら、何か記録が残っていないか聞いてみたかったと思う。

熊谷市の石碑

秩父鉄道の熊谷駅の次の上熊谷駅で降りて、北へ進み、国道一七号線に交差したところに八木橋デパートが建ち、その後方には熊谷次郎直実(蓮生坊)ゆかりの熊谷寺(ゆうこく)がある。八木橋デパートの玄関前、国道一七号に面して花壇の中に埋もれるように置かれている石碑の前面には、

熊谷の蓮生坊がたてし碑の旅はるばると泪あふれぬ

という歌が、裏面には

武蔵の国熊谷宿に蠍座の淡々ひかりぬ九月の二日

という賢治の歌が彫られ、左側面には「平成九年九月二日、くまがや賢治の会　歌碑建立実行委員会」と彫ってある。その裏側に当たる右側面はとがっていて、上面は平らな、あ

熊谷市　八木橋デパート前の碑　正面

同上　裏面

熊谷市の歌碑　左側面

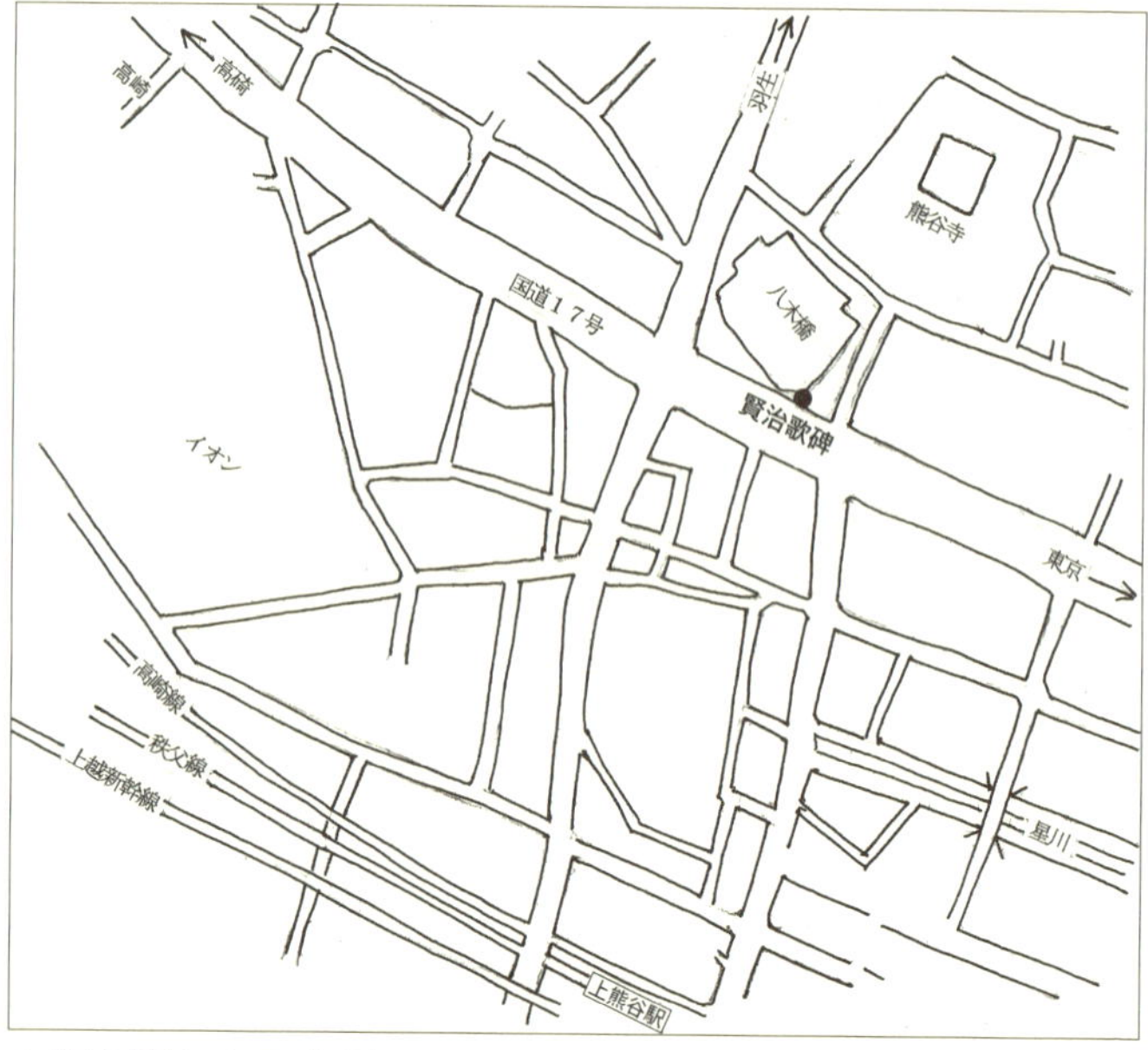

上熊谷駅から八木橋デパートへの道　徒歩５分

まり大きくなくて幅の広い舟形の石である。

二〇一五年六月二九日に一人でこの碑を見に行った。知らないと見過ごしてしまいそうな小さな石碑だった。周りの木の影が落ちていたりして、うまく写真が撮れないので、しばらく待ったがだめだった。この碑が作られた時のパンフレットのようなものが無いか、八木橋デパートの受付の女性に聞いてみた。探してくれたが無いようだった。

寄居町の石碑

寄居町用土にお住まいだった、元寄居養護学校校長をされた井戸川眞則さんが『寄居文芸』に連載した「石ッコ賢さん」がきっかけとなって、「宮澤賢治歌碑建立実行委員会」ができ、日本人の通例でまず会則ができ、会長に名誉町民の藤田薫氏を選出し、歌の選定、設置場所、石材の選定、町への建立費用の補助の陳情などなどがあり、実行委員は五四名になった。どういういきさつだったか、私も実行委員に加えてもらった。除幕式は一九九三年九月一六日午前一一時に行われた。石は赤花崗岩、台座は緑泥石片岩・赤花崗岩・石英斑岩。（歌碑に使われた石の種類については、佐藤幸夫：「秩父旅行《粋なもやうの博多帯》再現」（二〇一〇『賢治研究』一〇九号　宮澤賢治研究会）による。以下同じ。）

この歌碑を建てた経過に付いての印刷物や、会議録・会則・名簿・予算書・町への補助の陳情書・予定地や荒川沿いの石碑の資料・除幕式の案内・式次第等々を製本して保管していた。このような印刷物や書類は散逸してしまうことが多いからである。予算書では二百十万一千円になっているが、最終支出ははっきりしない。これを記念して熊谷の八木橋デパートで行われた『宮澤賢治と荒川』展（一九九四年二月二四日~三月一日、八階カトレアホール）の案内、各種新聞記事、寄居の歌碑の写真なども入っている。

一九一六年の調査研修旅行で賢治は多くの短歌を詠んでいるが、どこで、どの歌を詠んだかはあまりはっきりしない。例によって賢治は添削して少し違う歌を複数残している。旅行中に友人に宛てた手紙に書いたり、校友会の雑誌に発表したものもある。

寄居町の歌碑に刻まれたのは次の二首である。

(1)　毛虫焼くまひるの火立つこれやこの秩父寄居のましろきそらに

(2)　つくづくと「粋なもやうの博多帯」荒川ぎしの片岩のいろ

(1)は寄居という地名が入っているので寄居地内で詠まれたものであることは確かである。普通、寄居は秩父に含めないが、岩手県から見れば秩父の一部と見られてもしかた

寄居町　荒川ぞいの碑

同上　裏面

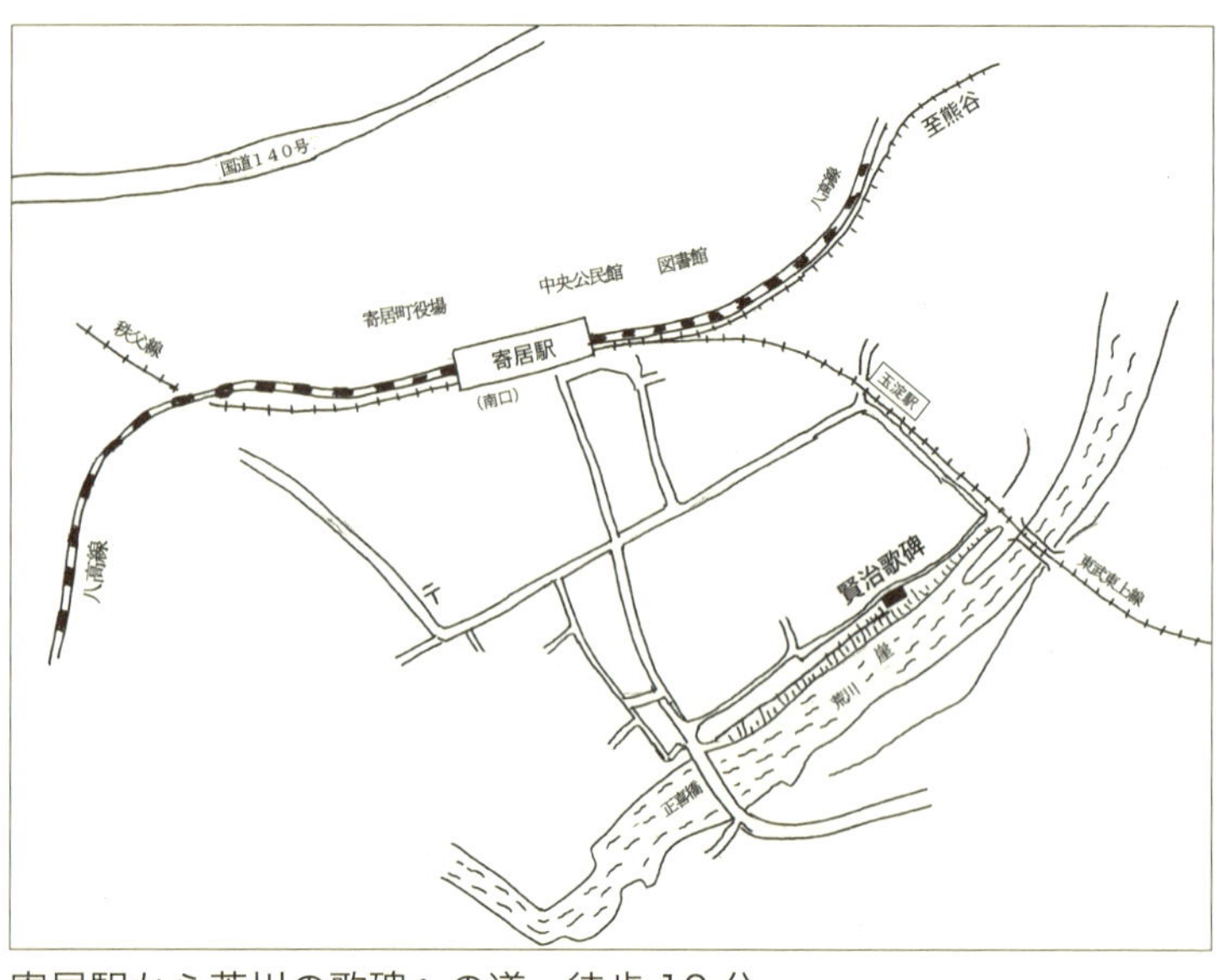

寄居駅から荒川の歌碑への道　徒歩10分

がないだろう。

(2)の片岩は長瀞の「虎岩」を詠んだものと言われていて、長瀞の歌碑にもこの歌が刻んである。

(1)には友人(保阪嘉内)宛の手紙にある

(3)　はるばるとこれは秩父の寄居町
　　そら曇れるに毛虫を燃す火

という歌があり、これを改作して(1)にしたのだろうか。

この毛虫というのは何だろう。町の農家の古老に聞いてみたことがあるが、分からなかった。オビカレハ(ウメケムシ)の群れているのを火で焼くことはあるが、それは五月ころなので時期が合わない。アメリカシロヒトリが入ってきたのは戦後だし、九月初旬に毛虫を焼くという作業は思い当たらないとのことだった。

話の中で当時の寄居町の晩秋蚕の掃き立てが九月一日～五日だったということが分かった。それに使うヌカ焼き（もみ殻を蒸し焼きにして木炭の粉のようにして蚕の掃き立てに使う）がどこの家でも庭先で盛んに行われていたということだった。その煙が各所でたなびいているのを見て詠んだのではないだろうか。このもみ殻を蒸し焼きにしたものは、蚕の掃き立てだけでなく苗代に籾を蒔く時にも使っていた。その道具は農家でも持っている家はほとんど無くなった。（左上写真）

元同僚の長谷部晃氏が養蚕の写真集を出している（長谷部晃『記録写真養蚕のいま』新風社　二〇〇七年四月　六三頁）。

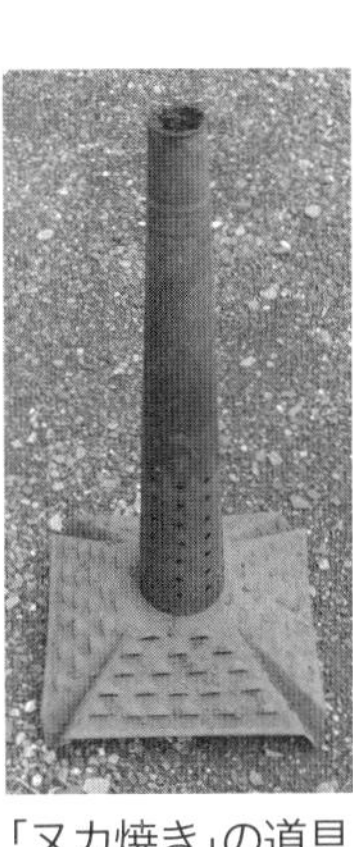
「ヌカ焼き」の道具

養蚕も現在はやっている家は少なく、道具も作業も大正時代とはだいぶ変わったようである。作業の中に「石灰又は焼きぬか散布」というのがあるが、焼きぬかというのはもちろん米の籾殻を蒸し焼きにしたものである。卵から孵化したばかりの幼虫には最近は人工飼料を与えるようである。焼きぬかには消毒の意味もあると思われるが、現在でも使われるらしい。

話は逸れるが、二〇一五年一〇月五日の東京新聞に「もみ殻を活用し高性能セメント」という記事があった。原発の高レベル放射性廃棄物の最終処分場の建設に使う弱アルカリ性セメントの原料として、もみ殻が注目されているという。思わぬところで新しい用途が開発される例だと思われる。

賢治の「ポラーノの広場」という童話に毒蛾の話が出てくる。町中の家を閉ざし、外で焚火をして毒蛾を焼き殺すという情景である。そんなことが頭にあったのかもしれない。煙ではなく火と詠んでいるのは難点であるが、うまくもみ殻を被せて蒸し焼きにしないと燃え上がることもある。同行の誰かが毛虫を焼いているなと言ったのかもしれない。近くで毛虫の姿を視たわけではないと思う。

⑵の歌に出てくる、模様が博多帯に譬えられた岩は、寄居町の荒川の岩（玉淀ダムで水没）、長瀞の「虎岩」、皆野町親鼻橋のたもとにある「紅簾片岩」などいくつかの説がある。そのため寄居町と、長瀞の県立自然の博物館前の石碑に同じ歌が刻まれている。それぞれ地域ごとに思い入れがあると思われるが、はっきり確定させず、荒川にある虎の毛皮の模様をした岩でいいではないか、と言う人もいる。「どこで何を見て」などの詞書きがあれ

ばわかるのに、賢治の歌には一切ない。井戸川さんは『寄居文芸』の連載をまとめて『石ッコ賢さん』という本を上梓されている（井戸川眞則『石ッコ賢さん（宮澤賢治と寄居）』平五・一〇　私家版）。

長瀞町の石碑

　長瀞町には石碑が二つある。一つは野上駅の駅舎の並びにあり、他の一つは県立自然の博物館の前にある。ここには二〇一五年六月二三日、家族二人と、六月二八日に一人で写真を撮りに行っている。

　野上駅の並びにある碑には、

　　盆地にも今日は別れの本野上駅に
　　ひかれるたうきびの穂よ

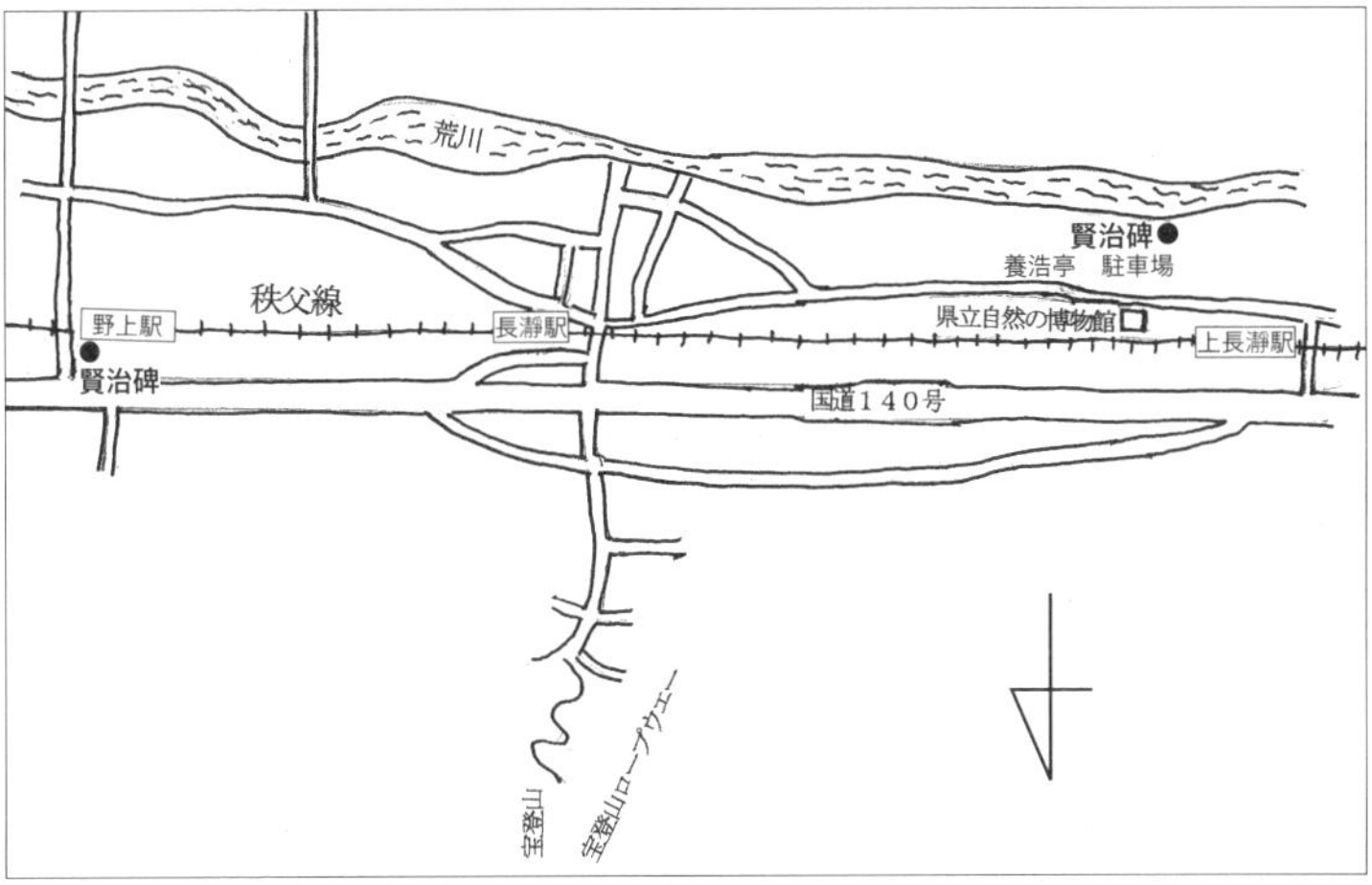

長瀞の２つの賢治碑（各駅から徒歩３分ほど）

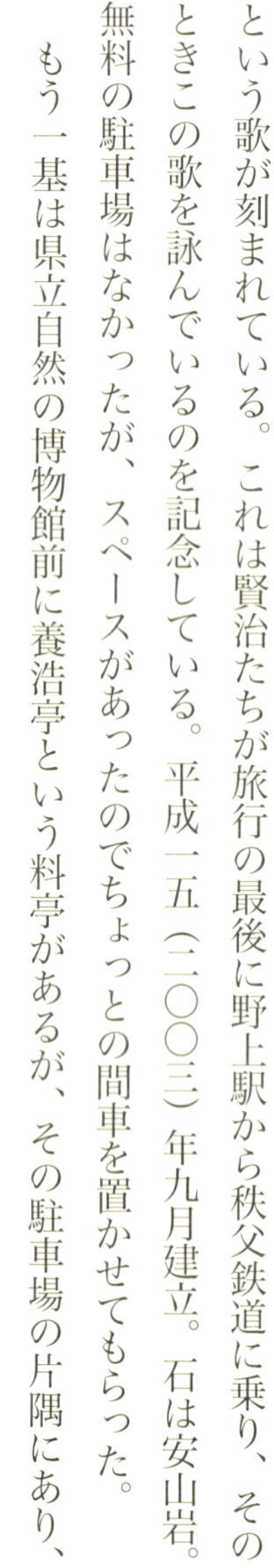

という歌が刻まれている。これは賢治たちが旅行の最後に野上駅から秩父鉄道に乗り、そのときこの歌を詠んでいるのを記念している。平成一五（二〇〇三）年九月建立。石は安山岩。無料の駐車場はなかったが、スペースがあったのでちょっとの間車を置かせてもらった。

もう一基は県立自然の博物館前に養浩亭という料亭があるが、その駐車場の片隅にあり、

　つくづくと「粋なもやうの博多帯」荒川ぎしの片岩のいろ

野上駅横の碑

同上　裏面

長瀞町　養浩亭駐車場の碑

同上　裏面

長瀞河原の虎岩

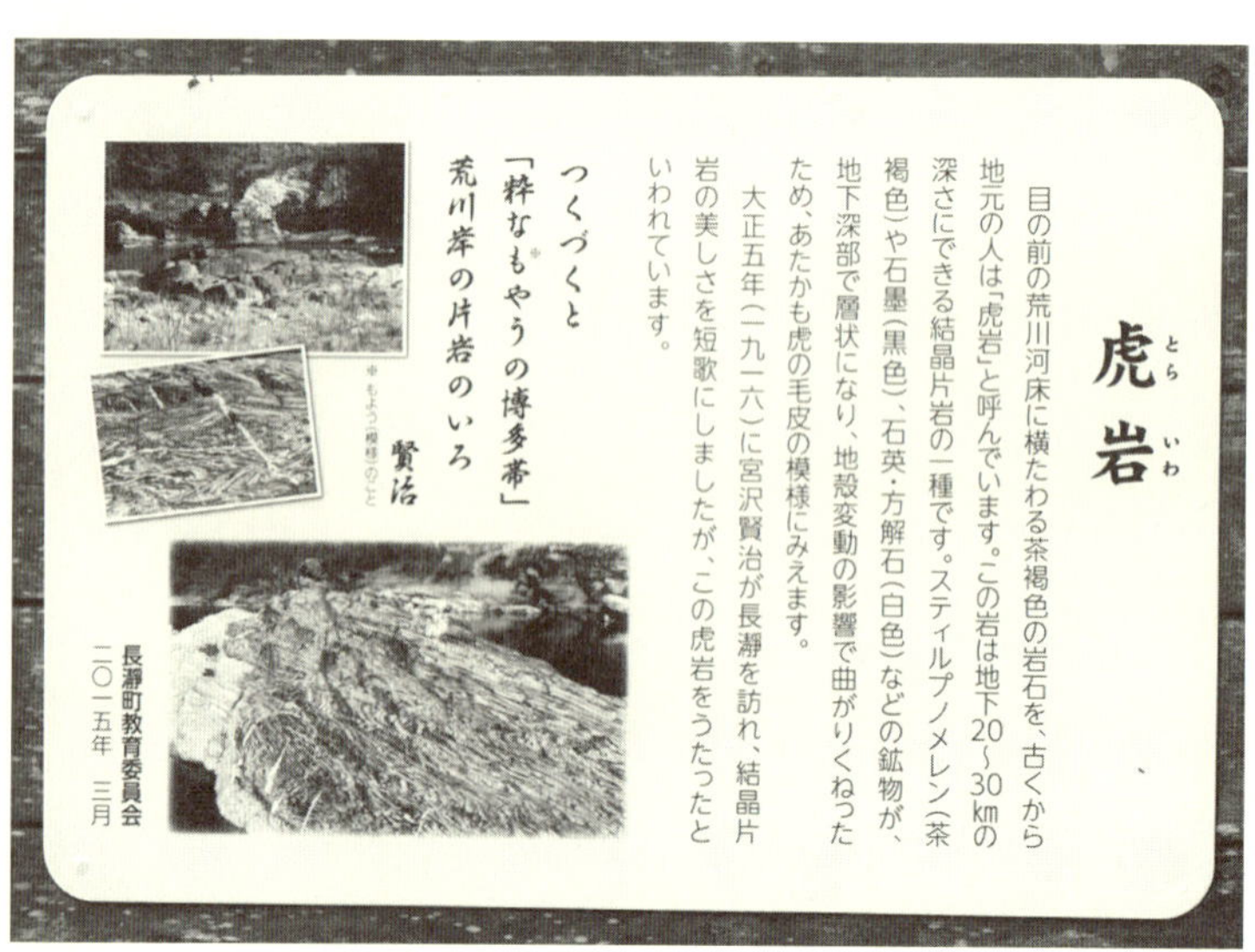

虎岩（とらいわ）
目の前の荒川河床に横たわる茶褐色の岩石を、古くから地元の人は「虎岩」と呼んでいます。この岩は地下20～30㎞の深さにできる結晶片岩の一種です。スティルプノメレン（茶褐色）や石墨（黒色）、石英・方解石（白色）などの鉱物が、地下深部で層状になり、地殻変動の影響で曲がりくねったため、あたかも虎の毛皮の模様にみえます。
大正五年（一九一六）に宮沢賢治が長瀞を訪れ、結晶片岩の美しさを短歌にしましたが、この虎岩をうたったといわれています。
つくづくと
「粋なもやうの博多帯」
荒川岸の片岩のいろ
賢治
＊もよう（模様）のこと
長瀞町教育委員会
二〇一五年　三月

虎岩の説明文　賢治の歌が引かれている

という歌が刻まれている。これは寄居町の一首と同じである。

この歌は「虎岩」を詠んだという説からここに建てられたものである。裏面には賢治についてと、この碑の建立の経緯などが彫ってある。こちらも平成一五年九月、宮澤賢治歌碑建立委員会によるものである。

碑の脇の道を下ると河原に出るが、正面にあるのが虎岩である。結晶片岩の一種で褶曲の縞模様が虎の毛皮を思わせるところからそう呼ばれている。

河原に降りる所に、虎岩についての説明板が立っている。


我が家では年一回、結婚している娘も参加して家族で旅行をするのが恒例となっている。二〇一四年は宮澤賢治を訪ねる旅を兼ねて、平泉・盛岡を回ってきた。旅行をした後、その記録をまとめておくのは私の係になっている。切符や宿の手配などは娘がやってくれるようになって楽になった。

二〇一五年は、賢治の研修旅行の跡を、既に行った場所は除き、小鹿野と三峰に車で一泊の旅行をした。

七月一〇日　長女は前日電車できていた。今日は乗りなれたマーチで私の運転である。運転していると記録がとれない。国道一四〇号線を荒川沿いに南下する。山へ向かうので北上するような感覚があるが、地図では南に下っている。長瀞を過ぎ、親鼻橋は渡らずに、右にそれて小鹿野に向かう。昔、小鹿野町の調査でよく通ったことがあるので通い慣れた道である。

途中、旧吉田町（今は秩父市）の龍勢会館の横を通るので、寄ってみた。ここは道の駅になっていて、農産物やいろいろなものを売っている。奥に龍勢の説明の建物がある。中には龍勢を打ちあげるやぐらが作られ、龍勢の実物やその作り方などいろいろの展示がある。打ち上げ花火の筒を長い竹にくくり付けて、ロケットにして筒ごと打ち上げるという勇壮なもので、五〇〇メートルも上がるという。はっきりした始まりは分からないが、日本武尊との関係や、一五七五年にさかのぼる記録などが残っているという。打ち上げの流派が二七もあり、互いに打ち上げを競っている。

この建物の裏に井上伝蔵宅と秩父事件資料館があり、渡り廊下で繋がっている。その渡り廊下の途中、外側の庇の下に雀蜂の巣ができていた。気が付かないのか何も注意書きがないので、帰りに係の人に一言しておいた。コガタスズメバチである。この近くにある椋（むく）神社に寄ってみた。少し離れて、少し登ったところに龍勢を打ち上げるやぐらが見える。その間の空き地は見物席になるらしい。

小鹿野町の石碑

小鹿野町にはよーばけという化石の出る崖があり、化石館もあってジオパークに力を入れている。そのためか石碑も四つある（一基は保阪嘉内のもの）。
道路を左折して引き返すように進むと化石館に出る。その裏に賢治と翌年やはり研修旅行でここを訪れた保阪嘉内の碑が並んでいる。向かって賢治が右、嘉内が左に置かれた自然石に直接彫られている。

さはやかに
半月かかる
薄明の
秩父の峡のか
へり道かな
賢治

この山は
小鹿野の町も
見へずして
太古の層に白
百合の咲く
嘉内

日程の上から嘉内はこの場所には来ていないのではないかと言う人もいるが、二人の歌碑が並んで置かれている後ろによーばけの崖の見える風景はなかなかすばらしい。碑の前の芝生にねじ花が沢山はえていた。

賢治碑の前の芝生にもじずりの数多伸びをりよーばけ近く　敏明

碑の裏には賢治、嘉内の説明がそれぞれ彫られ、両方とも「平成九年三月　小鹿野町小鹿野賢治の会」とある。

化石館の駐車場に車を置いて、よーばけに向かう。一〇分ほどで川に出る。その正面の崖がよーばけと呼ばれる有名な地層である。その途中に飼い猫が歩いていた。我が家は家中猫好きである。娘たちが撫でるとごろんと寝っ転がった。

よーばけに今年最初の蟬を聞くニイニイゼミかかそかなる声　敏明

川岸に私の身長より大きい岩が鎮座している。対岸の崖から転がり落ちた岩が川を渡って、こちら岸に達したらしい。その附近の石をひっくり返してみたが、そう簡単に化石は見つからない。

川向かうの崖より落ちし巨大なる岩はこちらの岸に鎮座す　敏明

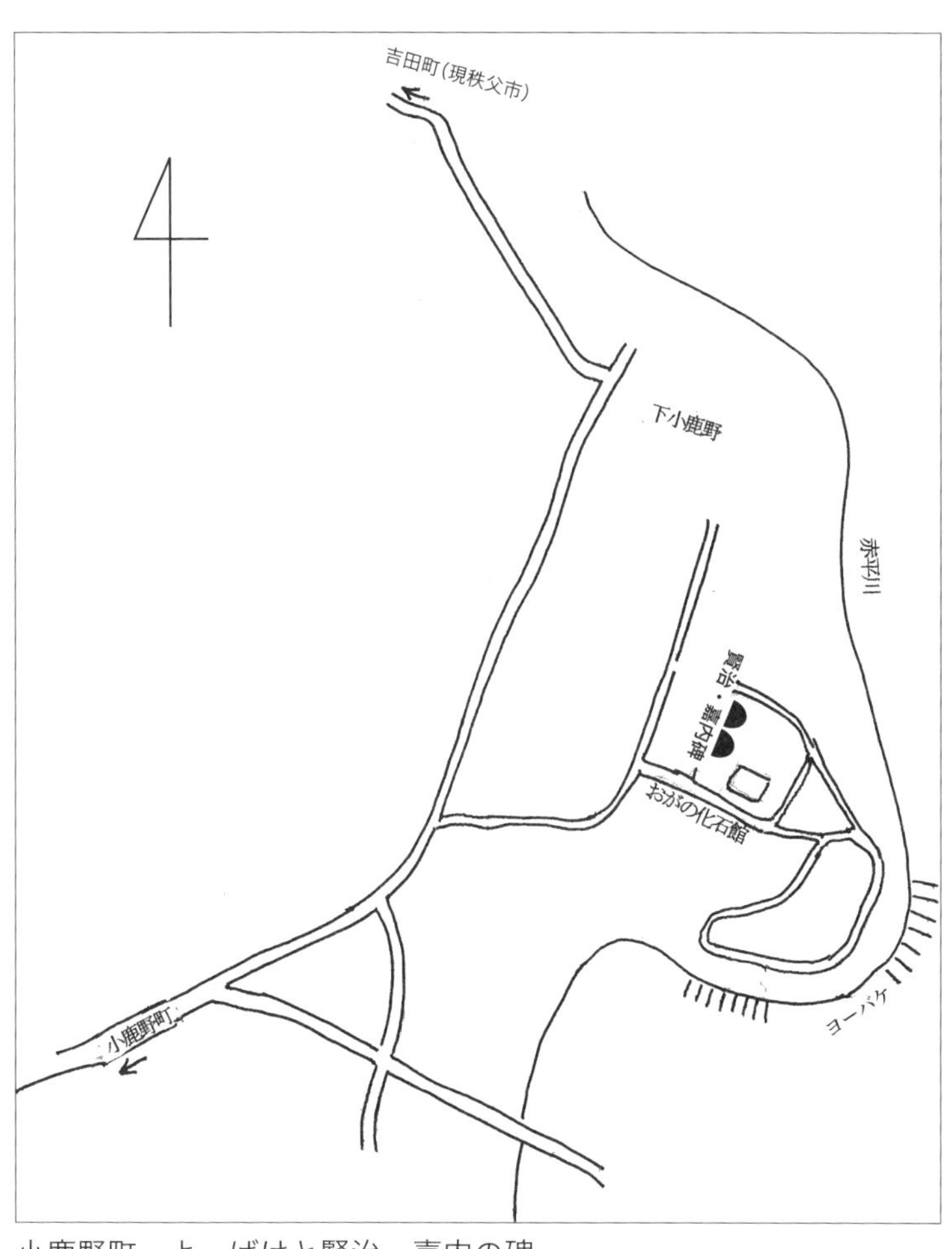

小鹿野町　よーばけと賢治・嘉内の碑

よーばけを背にした賢治と嘉内の歌碑

嘉内の裏

賢治の裏

よーばけ

こうした家族旅行や仲間との旅行では作った短歌を手帳に書き留めておき、記録をまとめる時に挿入することが多い。これらの短歌も私の心象スケッチであり除いてしまうのも抵抗があるので、そのまま入れておくことにする。短歌をやっていない人には邪魔になると思うが、読み飛ばして頂きたい。これらは『花実』や『寄居文芸』などで発表したものも多い。

また道を戻り、しばらく走ってバイパスに入る。バイパスを左にそれて、少し走ると小鹿野町役場前に出た。ここにも賢治の碑があるが、昼になったので、少し先の草鞋（ワラジ）カツの店に先に行く。何で探してくるのか変哲もない食堂の前に行列ができている。

小鹿野にて草鞋カツ丼食したり店の軒下にしばし並びて　敏明

時々一組か二組呼び込まれる。席はいくつか空いているのに、サービスする人が一人で、出すのも片付けるのも一人でやっている。大きなカツが二枚乗っている。軟らかくてうまい。二枚なので草鞋なのか。

出て役場に戻る途中に道に面して観光交流館というのがある。ここは昔寿旅館といい、大正五年に賢治たちが研修旅行で泊ったところである。入口をはいったところに、そのいきさつを報じた二〇一一年の新聞が貼ってあった（46頁に写真）。そこを抜けて中庭に出ると、建物があり、中に賢治についての説明があった。どこかの展示会で使ったものを終ってから移してきたらしい。その入口には「雨ニモマケズ」の碑があった。裏に回れない位置なので、建てられたいきさつが別の石に彫って横に建ててある。二〇一二年一二月二一日除幕。この碑では賢治の書いた通りに「ヒドリノトキハ」となっていた。

小鹿野町役場バス停前に大きな自然石が据えられており、次の歌がじかに彫られている。平成九年二月建立。石は火成岩。

小鹿野町観光交流館（旧寿旅館）

観光交流館中庭にある「雨ニモマケズ」の碑

西部　13版　2011年（平成23年）8月3日　水曜日　朝日

宮沢賢治が宿泊

小鹿野の旧「寿旅館」

当時の館主の日記で確認

詩人で童話作家の宮沢賢治（1896～1933）が盛岡高等農林学校（現岩手大農学部）の学生だった1916（大正5）年、小鹿野町の旧「寿旅館」に宿泊していたことが、当時の館主の日記で確認されたとして2日、町が発表した。

町によると、日記は、江戸時代創業という寿旅館の7代目当主・田嶋保さん（1878～1956）が1903～49年に書いたうち、欠損分を除いた38年間の38冊。廃業した旧旅館を町が購入し、町教育委員会が整理していて見つけた。

16年9月4日付で「盛岡高等農林学校職員生徒一行二十五人宿泊ス」と記され、翌5日付で「盛岡高等農林学校……生徒二十三人を送る」と書かれていた。

賢治が同校時代に地質調査で町を訪れたことは、賢治が知人に出した「大正5年9月5日　埼玉小鹿野局」の消印のあるはがきでわかっていたが、宿泊先は特定されなかった。日記に賢治の名はないが、はがきと合わせて見れば「宿泊」が確認できるという。

町は「町観光交流館」として改修中の旧旅館の一角に「宮沢賢治コーナー」を設け、日記などを展示する予定。福島弘文町長は「町の活性化につなげたい」と話している。（奥山郁郎）

㊤宮沢賢治が宿泊していたことが分かったという旧「寿旅館」＝2008年9月、小鹿野町㊦「盛岡高等農林学校職員生徒一行二十五人宿泊ス」などと書かれた1916年9月4日の日記

賢治らの宿泊を伝える新聞

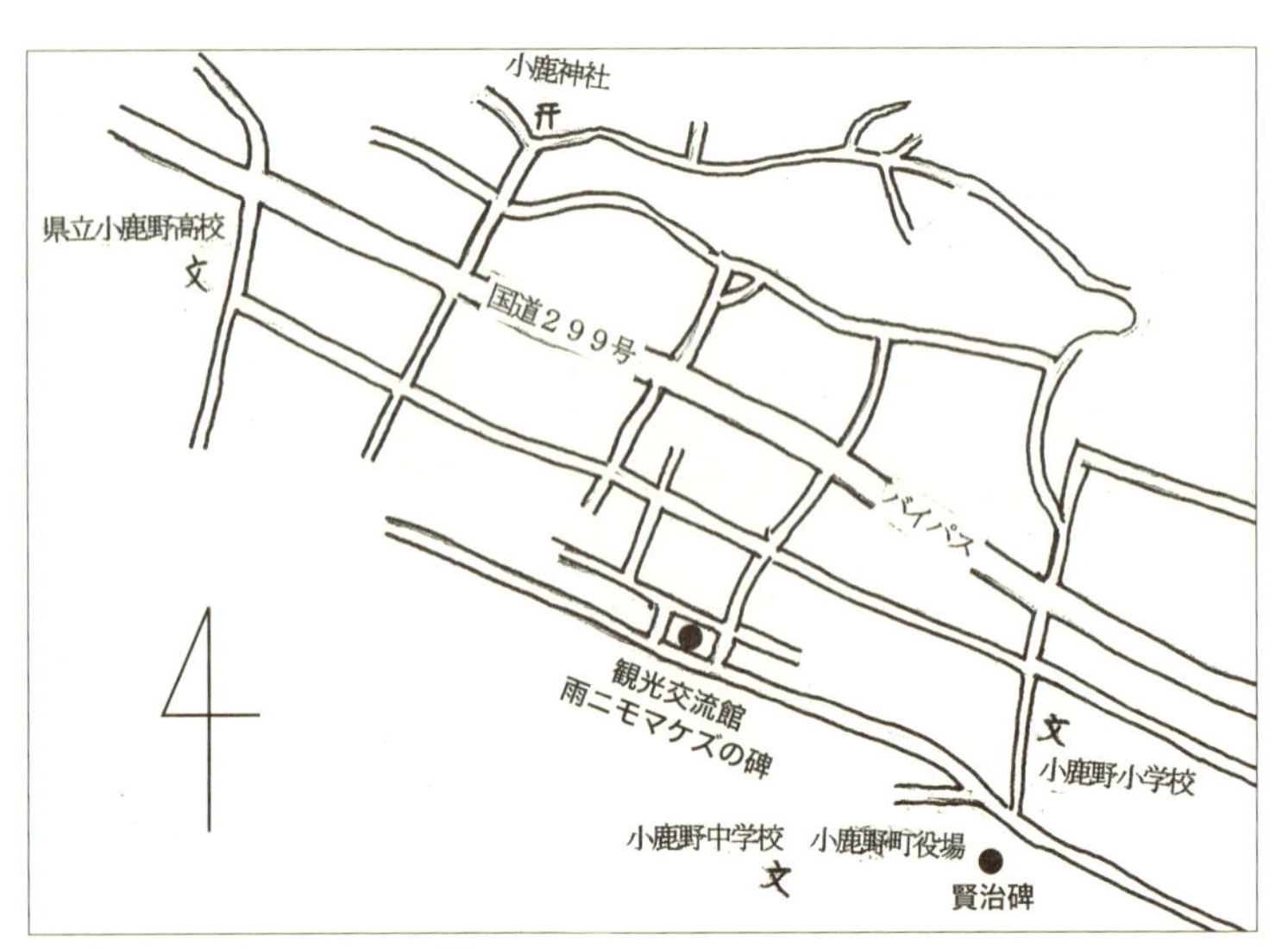

小鹿野町にある２つの碑

小鹿野町役場バス停前の碑

同上　裏面

山峡の町の土蔵のうすうすと夕もやに暮れわれらもだせり

この歌は賢治が寄居町に泊ったという根拠とされているが、その土蔵というのは今は存在せず、どこで詠まれた歌かもはっきりしない。石碑の裏には賢治についての説明と、「平成九年二月　小鹿野町　小鹿野町賢治の会」と彫られている。よーばけ近くの碑より一ヶ月早い。

三峰神社

このあと群馬県に向かって走り、左折して、国道一四〇号線に出て、右折して三峰へ向かう。七月一〇日の夜は三峰神社の宿坊に泊った。

駐車場を降りたるときに三峰によく来たと鳴く鶯一羽　敏明

宿坊にかつて賢治も泊りしか五時の太鼓は当時もありや　敏明

明治二年神仏分けし判然令三峰神社は神のみとなる　敏明

山上の宿坊の夜にお刺身と思へば刺身蒟蒻も付く　　敏明

賢治たちは三峰神社の宿坊に泊ったことは確かめられている。その夜（一九一六年九月五日）賢治は次のような歌を詠んでいる。

星の夜をいなびかりするみつみねの山にひとりしなくかこほろぎ

星・いなびかり・三峰・こほろぎという言葉の出てくる歌が四首あり、二首にはひとりなくという語が入っている。ひとりという言葉がこほろぎを指しているとすると、なぜひとりと言ったのだろうか。

このこほろぎは何という種であろうかという疑問を解消しようと、一九九六年九月二日、コオロギ類に詳しい友人の内田正吉氏と二人で、三峰神社を訪れた。賢治らの泊ったのが八〇年前の九月五日である。夕方五時頃から七時三〇分までの間、観察した結果、駐車場から三峰神社境内で確認した直翅類は一六種類だったが、このうちコオロギ類は六種であった。六種のうち駐車場などの開発以後に侵入してきたと思われる二種（マダラスズ・シバスズ）を除くと、ヤマトヒバリは林内の低木層や林縁などで地味な声で鳴くので、虫の声によほど敏感な人でないと耳に入らないだろうし、結局モリオカメコオロギ、エンマコオロギ（山地型としておく、平地型とすると侵入種）、カンタンが候補種になるが、カンタンは普通屋内には入らないので、屋内で聞いたとすれば前二種のどちらかになるということであった。（南部敏明・内田正吉「三峰神社で宮澤賢治が聴いた虫」『埼玉動物研通信』二四　一九九六　埼玉県動物研究会）

このとき「そこで鳴いている！」と言われても全く聞き取れず、年齢による耳の衰えを痛感したが、賢治はこの時まだ二〇歳だったし全ての虫の声を聞き取ったことだろう。このときアオマツムシが分布を拡大中だったので、帰りながらどこまで分布したかチェックしていった。神社附近には未だ分布していなかった。

二〇一五年の家族旅行の話に戻る。

七月一一日　朝五時の太鼓で目が覚める。六時から境内の散歩に出る。小高いところに日本武尊の大きな銅像が立っていて、その周辺には斎藤茂吉など多くの人の碑が立っている。しかし賢治の碑は無い。

駐車場を上がってすぐのところに「三峰神社博物館」がある。世界で七例目と八例目になる日本狼の毛皮が展示してあるとのことなので入ってみた。他の種類の狼の剝製や木像、お札を刷る版木などいろいろなものが飾ってあった。古い写真が多く貼ってあり、「東京丸元講」の八人が写っている大正五年の大きな写真があった。この年賢治たちもこの宿坊に泊っているがその記録を示すものなどは何も無かった。受付の女性に聞いてみたが知らなかった。

眷族は「お犬様」とふ三峰は高麗犬ならぬ狼祀る　敏明

帰り際に「三峰ビジターセンター」というのに寄ってみた。そこで初めて賢治の名前に出会った。「奥秩父・三峰を訪れた俳人たち」というポスターがあり、若山牧水・斎藤茂吉・前田夕暮・土屋文明などと、最初に宮澤賢治が紹介されている。賢治も俳人になってしまっている。しかし他の人もほとんど歌人である。この時は賢治が俳句を作っていたことは知らなかった。石寒太『宮澤賢治の俳句』（一九九五　PHP研究所）によれば賢治も数は少ないが俳句を作っており、また気に入った人の句を習字の手本として書き写したり、連句・付句などもある。俳人としたのもまあ間違いとは言えなかった。

この少し先に移築した古民家が建てられている。農家の造りで、三峰神社の仕事をして

奥秩父・三峰を訪れた俳人たち

宮澤賢治 みやざわ けんじ

大正５年（１９１６年）、盛岡高等農林学校２年（２０歳）のとき、地質見学の修学旅行で秩父を訪れています。一行は小鹿野町に宿泊した後、三峰山に向かい、三峯神社宿坊に一泊しました。賢治は、夜中に境内を散策しながら見た満天の星空を歌に残しています。

こうした体験も後の代表作、「銀河鉄道の夜」などに活かされているのでしょうか。

星あまり
むらがれる故
みつみねの
空はあやしく
おもほゆるかも
満天の星空

盛岡高等農林学校時代の賢治(右上)

野口雨情 のぐち うじ

「十五夜お月さん」「七つの
創作民謡・童謡の第一人者だ
めて三峰山に登り、霧深い風

霧の三峰

若山牧水 わかやま ぼくすい

自然を愛し、自然主義を代表する歌人である牧水も秩父を何度か訪れ、

斎藤茂吉・土屋

万葉集の歌風を理想とし

俳人宮澤賢治

いたと説明板にある。茅葺きの屋根はまだ新しかった。麦藁で葺かれていればいろいろな蜂が営巣するが、ここは茅葺きだった。小型の、借管性の蜂やその寄生者の青蜂などは麦藁屋根はよい採集場所である。茅（ススキなど）は茎の中が詰まっていて、借管性の蜂は営巣できない。

帰りは秩父を通り、やへい蕎麦という店を探して昼を食べたがここも行列ができていた。サービスする人はやはり一人でやっていた。その後秩父駅のそばにある祭り会館を見た。

第二章　宮澤賢治が興味を持っていたもの（自然科学を中心に）

賢治と生物学

学名への誘い

賢治の詩には植物・鳥がよく出てくる。次の詩は私の好きな詩である。

『花鳥図譜・七月』（生前発表詩篇より）　九三行の詩

〔前略〕

（ねえ、あれ、つきみさうだねえ）
（はははは）
（學名はなんていふのよ？）
（學名なんかうるさいだらう）
（だってふつうのことばでは

　属やなにかも知れないわ）
（エノテラ、ラマーキアナ、何とかっといふんだ）
（ではラマークの発見だわね）
（発見にしちゃなりがすこうし大きいぞ）
　〔中略〕
（まああたし
ラマーキアナの花粉でいっぱいだわ）
　〔……〕

一部を取り出しただけなので良くわからないかもしれないが、兄と妹、多分賢治と妹のトシが林の中を散策しながら交わしている会話で成り立っている詩である。最初は止まっているカワセミを見て、夜鷹や蜂雀を連想する。

　賢治の時代、「博物」の授業では分類学を詳しく教えたのだろう。今の高校生にこれだけの会話ができるだろうか。もっとも今はDNAとかRNAをやらなければならないし、分類学はほとんどやらないから無理もないが。

植物図鑑を開いて見ると *Oenothera Lamarckiana* Ser. はオオマツヨイグサの学名であることがわかる。月見草の中では花も大きく美しい。（最初のＯは無声音）*Oenothera* は属の名で、*Lamarckiana* は種の名前である。この二つを並べて書くのがリンネが作った二名法という学名の付け方である。似た種をまとめて属とし、属名をつける。マツヨイグサ・オオマツヨイグサ・ツキミソウは同じ属である。さらに似た属をまとめて科にする。これが分類の段階で、目・綱・門と上がって行く。

種名が人の名前から作られているときに最初を大文字にするのは植物の場合で、動物ではすべて小文字である。これだけでも学名は分かるが、正式にはその後にその学名を付けた人（命名者）の名前とその年号を付ける。Ser. が命名者であるが、長い名前の場合は略してピリオドをつける。学名を付ける時のやり方は「万国命名規約」で厳密に統一されている。これはすべての国で同じである。しかし動物、植物、細菌では多少違う所があり、正式には国際動物命名規約、国際植物命名規約、国際細菌命名規約というのがある。種名に *nambui* と付けてくれた虫は外国産も含めると一二種ある。*nambui* は南部をラテン語化したもの。

Cerceris teranishii Sato, 1927 はテングツチスガリという蜂の学名であるが、その論

文を読むと、採集者の寺西暢さんを記念して佐藤覚さんが一九二七年に学名を与えたということがわかる。論文には、寺西さんがこの蜂を世界で最初に採集したのは一九二二年で、場所は小岩井農場であることが記してある。最初に採集した場所をタイプロカリティという。賢治があの長い「小岩井農場」という詩を書いたのが一九二二年で、偶然であるが、二人は小岩井農場の中で出会っていたかもしれない。その時はそんなことは知らなかったが、私も小岩井農場でテングツチスガリを採っている。一九七五年のことで、その時は車で北海道に行き、帰りに浄法寺町で採集し、テングツチスガリ（雌一六頭・雄二三頭）などを含め、ツチスガリ類4種類を採集した。その後小岩井農場に寄り、そこでもテングツチスガリを採った。テングは一九二二年以来誰からも採集報告の無かった蜂である。顔のまん中に天狗の鼻のような突起を持つツチスガリの仲間である（佐藤覚「テングツチスガリ」『昆虫』第二巻第二号　一九二七　日本昆虫学会）。当時は岩手県特産種だったから東北地方で採集する時はいつも気にしていた。初めてネットに入れた時、すぐテングだ！とわかり、胸が高鳴った。ツチスガリ類は日本に一七種いて、幼虫の食糧としてゾウムシやカメノコハムシを狩るグループとコハナバチ類を狩るグループがある。テングツチスガリの生態を調べたくて、その後数回そのために浄法寺町まで行ったが、結局何を狩るのかさえも明らかにできなかった。ツチスガリの中でも立派なこの蜂にはいろいろな思い入れがあるが、習性をぜひ知りたいものである。

（ではラマークの発見だわね）というのは発見者の名前を種名に付けることがあることを知っていたということで、（発見にしちゃなりがすこうし大きいぞ）というのは、大型の生物はもうみな学名が付いていて、オオマツヨイグサのような大型の植物は新種として発見されることはほとんどないということを言っているわけである。そして今覚えた学名を（……ラマーキアナの花粉でいっぱいだわ）とすぐ使っているところにこの妹の聡明さが表れている。

賢治の詩や童話には植物・動物・鳥などが良く出てくるが、昆虫はあまり出てこないし、種名まではっきり書いてあるものはほとんど無い。

短歌に出てくる昆虫

短歌にどんな昆虫が詠われているかについて調べたことがある。賢治は添削魔と言われるくらい、作品に後から手を入れている。同じテーマで少し変えたものが幾つもある。作った短歌の総数は、調べた人によって八二〇首から一一六九首までの違いがある。

これらの短歌に虫の出てくるものは三〇首で、全体を八二〇首とすれば三.七%に過ぎない。内容は蜂九首、こおろぎ七、甲虫四、鳴く虫四、毛虫三、羽虫二、蚊一である。何れもグループ名で、種名は一つも無い。伝記によると、小学校四年生の頃に昆虫の標本作りに熱中するとあるが、中学以降は岩石、植物採集に興味が移り、虫からは離れてしまったようである。農業をやる上で害虫を殺すことは避けられないことである。それをどう考えていたのだろうか。

蜂の九首はすがる四、はち(蜂)三、小蜂・こばち各一である(南部敏明「宮澤賢治の虫の歌」『花実』五〇巻一二号　一九九〇　花実短歌会)。

一九八九年八月、花実短歌会の全国大会が遠刈田温泉で行われた。終了後一人で花巻の宮澤賢治記念館を訪れた。その裏山の胡四王神社で採集していると土地の人らしい車が登ってきた。話をしてみると花巻市の人だという。そこで日頃の疑問の一つをぶつけてみた。それは賢治の詩や歌に出てくる「すがる」とは何を指すのかということである。おばあちゃんはアシナガバチのことだと言い、おじいちゃんはアシナガバチとはかぎらず一般に小さい蜂を言う、との返事だった。

原子朗『宮澤賢治語彙辞典』を引いて見ると「蜾蠃（すがる）」（ジガバチ＝似我蜂）のことだ

が、南部方言では主に蜂、土蜂(つちばち)を言う。地方によってはアブ（虻）のことも言うらしいが……」とかえってわからなくなった。ジガバチというのはサトジガバチか、ヤマジガバチを指すのか、あるいはジガバチ類全体を指すのかがわからない。土蜂というのは「つちばち」とルビがふってあるのでツチバチ科の蜂を言うのだろう。挿絵はサトジガバチかヤマジガバチが描いてある。土蜂はヂバチと読んでクロスズメバチ類を意味することもある。これは蜂のことをあまり知らない人が書いた文章と思われるのである。方言というのは何を指すのか難しいので、代表的な蜂の標本を一箱作って持ち歩いていたことがあった。同じ地方でも人によって答えが違っていたり、何種もの蜂を指す言葉だったり、口での説明は難しいためである。しかし生きて動いている蜂と標本にした蜂ではやはり差があるようで、はっきり確定できないことも多かった。

たゞさへもくらむみ空にきんけむしひたしさゝげぬ木精の瓶

という歌を賢治が大正五年に詠んでいるが、きんけむしと呼ぶ毛虫も地方によって違うと思う。私の住んでいる地方では桑に付くモンシロドクガの幼虫をクワキンケムシ、ナミドクガの幼虫をキンケムシと言うようだが、賢治がアルコールに浸けたのもドクガの仲間の幼虫だろうか。毛虫や芋虫は一般にアルコールでの液浸標本にするが、それを陽に透かせて眺めている若き賢治の姿が浮かんでくる。

植物では稲をオリザと呼んだり、よく学名を使っている。稲は学名を作ったリンネが記載している。*Oryza sativa* L. である。田んぼのことは『グスコーブドリの伝記』のなかで「沼ばたけ」と呼んでいる。最近は外来の花を学名のまま呼んでいることもあるが、当時は耳慣れない、バタ臭い感じがしたのではないだろうか。

以前調べたのは短歌だけだったので、詩・童話に出てくる昆虫も調べてみた。しかし哺乳類などの大型動物の陰にかくれて、あまり目立たない。やはり種名まで分かるものはほとんど無いようである。

詩・童話・その他に出てくる昆虫

『校本宮澤賢治全集』を用いて、詩・童話・その他に出てくる昆虫類を調べてみた。賢治は童話などにおいても一旦完成した作品に手を入れて、全く違う作品のようにしてしまうことがある。その時使われていた言葉が消えてしまうこともある。これは詩についても同様で、それを詳しく見ていくとどちらを取ったらいいかわからなくなったり、とても手におえないので、「校異」とされているものは見ないことにし、重複などもあまり気にしないことにして、ざっと調べてみた。その結果をまとめると、表（67―71頁）のようになった。元になっている詩などの数もはっきりしなかったので、割合を示すことはできない。

この表から分かることを以下に順不同であげることにする。

◆出てきたのは九目　目は「もく」と読み分類の段階で、動物界―節足動物門―昆虫綱―ハチ目―スズメバチ科―Vespa属―*mandarinia*種（オオスズメバチ）という時の目である。これだけだと各段階に多くのグループが入り過ぎるので、科の上に上科、科の下に亜科・族などの段階を設けることが多い。

昆虫綱には、日本には三〇ほどの目があるが、その中の九目のみを賢治は扱っている。もっとも残りの二〇目ほどは一般にはあまり知られていないものである。

◆多かったものは　虫（四八）、蟻（三八）、蜂（三六）、毒蛾（二四）、羽虫（二二）、蛾（二〇）、蚊（二〇）、甲虫（一七）、かげろう（一六＋三）、てぐす（一五）、かぶとむし（一二）、蛍（一二＋二）、てんとうむし（一二）、とんぼ（一〇）で、他はすべて八以下だった。

◆ほとんどがグループ名　一つの種を表す種名は、世界共通の「学名」、日本で唯一の「和名」が付いているが、たとえば「てんとうむし」という名前は、そういう和名を持った種もいるが、てんとうむし科全体、グループ名の場合にも使う。そのため種をさす場合にはナミテントウと呼ぶことが多い。このような例を表から探して見ると、ハグロトンボ・ヒグラシ・カブトムシ・カイコ・ビロードコガネ。ハンミョウ・ミズスマシ・ドクガ・アゲハチョウなどもそうである。この中で、種を示す場合にナミを付けるのは、ナミハンミョウ、ナミドクガ、ナミアゲハだけである。しかし賢治は、ヒグラシ・カイコなどを除いて、単なる一般名として使っているように思われる。

◆方言がない　埼玉県の秩父ではオオスズメバチのことをフエンドウという。これは他の地方の人が聞いても、何のことかわからないだろう。昔はこのような方言による呼び名が多かった。東北地方にも方言による呼び名が多かったと思うが、賢治は不思議と使っていない。すがる、てぐすなどが見られるにすぎない。すがるは蜂、虻蜂にルビとして出てくるが、特定の蜂をさす言葉ではなく、もっと広く使われているようである。

「てぐす」は釣りに使う糸と、その糸を取る山繭または樟蚕の幼虫と両方の使い方で出てくる。昔はてぐすは買うものではなくて、山繭などの幼虫から自分で取って作ったものだった。それがその幼虫の呼び名にもなっていたようである。

◆熊蟻とは　『宮澤賢治語彙辞典』を見るとクロオオアリのことだとある。クロオオアリは日本のアリの中では最も大きな種類の一つであるが、一般的にクロオオアリを熊蟻と呼んでいたならば、これも方言になる。「つやつやした虫の胴体を甲冑に比喩したもの」という説明があるが、賢治の造語であるか、ちょっとわからない。

◆羽虫とは何か　羽虫という言葉が二二回も出てきた。「はむし」もあったかもしれない。コウチュウ目にハムシ科というのがあり、埼玉県だけでも二五〇種以上得られている。しかし賢治はハムシ科の甲虫ではなく、夜電燈に群がってくる小さな羽のある虫を言っているのだろうと思う。いろいろな仲間があると思うが、羽蟻・ウンカ・ヨコバイ、あるいはユスリカなどもいるかもしれない。

◆油むしとは何か　「油むしは枝にいっぱい」と出てくるので植物の汁を吸うアリマキのことであろう。台所をうろちょろして、奥さんに目の敵にされるゴキブリも油むしと言うことがあるが、植物の汁を吸う小さな虫も正確には〇〇アブラムシである。

◆ずいむしとは何か　昔は髄虫あるいは稲髄虫を知らない人はいなかったが、現在はどうだろうか。かつて日本の根幹をなしていた米の、最も大きな害虫は稲の髄虫（ニカメイガ）だった。稲の内部に幼虫が食い込んで食い荒らし枯らしてしまう。農薬の無い時代には本当に大変だったと思う。『グスコーブドリの伝記』ではイモチ病を石油で殺そうという話が出てくるが、害虫の髄虫、病害のイモチが最も恐れられていた。

稲の害虫にはその他、サンカメイチュウ・ヒメトビウンカ・ツマグロヨコバイ・イネドロオイムシなど手元の本（『作物病害虫ハンドブック』明日山秀文他　養賢堂　昭和三二年五月）には二九種類が載っている。また稲の病害にはイモチの他にイネの馬鹿苗病・イネ萎縮病など三八種（同書）が載っている。お米作りに付随したさまざまな技術も、米を作らなくなって、同時に絶えてしまうのだろうと思う。これはすべての作物について言えることだと思う。

◆甲虫とは　甲虫と書いてカブトムシと読ませることもある。前翅が堅くなって後翅を覆っているグループを昔は鞘翅目とかサヤバネ類と言ったが、現在はコウチュウ目と呼んでいる。賢治はカブトムシではなく、コウチュウ目の昆虫として甲虫を使っているようである。

◆ハリガネムシとは　まず思い浮かぶのはカマキリなどの腹に寄生している、針金のように細い虫で、これは昆虫綱（節足動物門）ではなく、針金虫類（袋形動物門）の仲間である。人に寄生する回虫（線虫類）もこの仲間である。植物の根に寄生して害をなす○○ネコブセンチュウ、○○ネグサレセンチュウなど多くの種類がある。

他方、昆虫のコメツキムシ科の幼虫もハリガネムシと呼ばれ、植物の根をかじるなどの害をなすことがある。賢治の作品「植物医師」に出てくる針金虫はどちらを指すのだろうか。『定本宮澤賢治彙語辞典』にはコメツキムシ科の幼虫としか出てこない。現在の知識から言えば、ネマトーダ（線虫類）の被害の方が大きいが、当時の知識ではコメツキムシ科の幼虫のように思われる。「劇　植物医師」には針金虫（3回）、根切虫（3）、虫（8）が出てくる。根切虫と言えば、蛾の仲間の幼虫の「夜盗虫」を指すことが多いが、これは針金虫とは言わない。結局ここで出てくる害虫はコメツキムシ科の幼虫と見ていいだろう。

◆蝶と蛾　蝶と蛾はチョウ目に属し、別の目にするほどの違いはない。その幼虫も、芋虫・青虫・毛虫が蝶にも蛾にもいる。松毛虫（マツカレハ）、夜盗虫（ヨトウガ）のように特定の種類を指すものもあるが、毛虫、芋虫などは一般的である。これらの幼虫にも方言があるのではないかと思われるが、方言で残してくれなかったのは、残念な気もする。

◆役に立つ虫　現在の短歌などで取り上げられている虫に比べると賢治の作品に出てくる虫は少ないように思うが、当時としてはむしろ多かったのではないだろうか。蜜蜂とか蚕がもっと取り上げられているかと思ったが、そうでもなく、役に立つ昆虫という見方ではなく、むしろ現代的な昆虫そのものを見ている感じがする。現在でも、開発という名の自然破壊に先だって行われるアセスメント（環境影響評価）において、昆虫はあまり重要視されていない。「この場所では絶滅するかもしれないが、周囲に移動して生存できる」と片付けられてしまうことが多い。山林を崩して、ゴルフ場や自動車工場造成を行う時のアセスメントにおいて、意見書の提出、公聴会での意見陳述などいろいろ行ってきたが、辺野古に米軍基地を作る時のジュゴンの扱いを見てもわかるように、どんなに貴重な蜂が住んでいても、それで開発が止むことはなかった。ジュゴンでも一種の蜂でも、それぞれ特別な遺伝子を持った貴重な生物であることには変わりない。賢治の時代はまだ自然保護の考え方はなかったと思うが、一般の人には虫けらと一顧だにされない小さな虫たちに、温かい目を注いでいると思う。志賀直哉の「城の崎にて」に描かれている蜂（多分スズメバチ）への観察が絶賛されている文章を最近読んだが、賢治の虫への観察ももっと評価されてもいいように思う。

表中の手紙とは、個人宛のものではなく、不特定多数の読者を想定して印刷したものである。

目		シラミ	カゲロウ		カメムシ				トンボ			
作品中の名称		しらみ	かげろふ	蜉蝣	油むし	浮塵子	蟬	ひぐらし	とんぼ	はぐろとんぼ	あきつ	直翅
詩	2巻								3			
	3巻									1		
	4巻					1		1	1	1		
	5巻					1					1	1
	6巻						3			1	1	
童話	7巻	2	8	1					4			
	8巻			1	1		1					
	9巻		8	1			2		2			
	10巻											
	11巻											
手帳											1	
手紙												
劇												
俳句											1	
短歌												
計		2	16	3	1	2	6	1	10	3	4	1

直翅					ハチ								
こおろぎ	鳴く虫	いなご	蝗	ばった	蜂	蜜蜂	小蜂	こばち	足なが蜂	すがる	蟻	熊蟻	虻蜂(すがる)
					3				1	1	1		
			1	2	2	1						1	1
		1			2	1					2		
					1						2		
			1		2								1
					4						17	6	
											3		
					9					1	1		
					7	2							
					2	1					12		
					1								
7	4				3		1	1		4			
7	4	1	2	2	36	5	1	1	1	6	38	7	2

チョウ									ハエ				
夜盗虫	松毛虫	毛虫	蚕	毒蛾	蛾	あげはてふ	蝶	鱗翅	蚊	蒼蠅	蠅	あぶ	虻
	1	1			1		1		1				
			1		3								
					5								1
								1		1			
					3				1		3	1	1
									10				
				16			1		2				
2					2	1	1		4		1	4	1
	1	1		8	4		1		1				1
					2								
							1						
	1												
		3							1				
2	3	5	1	24	20	1	5	1	20	1	4	5	4

コウチュウ													
斑猫	ほたる	螢	びらうどこがね	みづすまし	かみきりむし	くわがたむし	かぶとむし	甲虫	鞘翅	芋むし	青虫	てぐす	ずい虫
								1					
	2	5	1			1							
						1							
									1				
		2	1										1
							3	3		1			
				1							2		
		2	2		1		6	3					
		3					1	4				3	
							1					11	
												1	
								1					
			1				1	1					
1													
								4					
1	2	12	5	1	1	2	12	17	1	1	2	15	1

その他(2)								その他(1)						
昆虫館	ロッキー蝗	養蚕	蜂函	蜂蜜色	蜂蜜	鱗粉	蛹	害虫	虫けら	羽虫	昆虫	虫	針金虫(コメツキムシ幼虫)	てんたうむし
			1							2		1		
	1									1		2		
4				1						1		1		
										1				
	1	1								3		2		
										4		4		12
							2	1	1	2		5		
		1							3	1	4	11		
					2					1		10		
										3		5	3	
		1												
		1				1						7		
										1				
										2				
4	2	4	1	1	2	1	2	1	4	22	4	48	3	12

どんな虫がどの作品に出てくるか

最初は表を作っただけで終りにしようと思ったが、「読者はどの昆虫がどの作品に出ているかを知りたいのではないか」と言われ、そのようなまとめをする気になった。これには二通りのまとめ方があると思う。

1. ある作品中に、どんな虫が出てくるか
2. ある種類の虫は、どの作品に出てくるか

昆虫をやっていた者として、2のやり方で始めてしまった。作品を中心に考えれば1のやり方になるが、それは後から考えたことで、ここでは2のやり方で進めることにする。表は必ずしも進化の順番になっていないが、表の最初から見ていくことにする。また目(もく)に入っていないその他(1)(2)の虫・羽虫・虫けらなどの語については省略することにする。『校本宮澤賢治全集』の第一巻から、出てくる虫の名を書き出していった。ただし第一巻「短歌」については、昔調べてまとめたことがあり、これは別に触れたのでここでは取り上げなかった。最後の十三巻「書簡」、十四巻「補遺・補説・年譜・資料」は見ていない。第二巻～第十二巻下については、虫が出てきた場合すべて記録したつもりである。それを元にして、「表」とその後の「どんな虫がどの作品に出てくるか」をまと

めた。「表」には以前調べた短歌も記載している。

まとめ方は次のようである。

《 》:『校本宮澤賢治全集』の巻数、【 】:童話・詩などの区別、〔 〕:作品の大きなタイトル、『 』「 」:作品名、︹ ︺:題名の無い詩で最初の行を出してあるもの、( ):出てくる昆虫名とそのフレーズ、その下の数字は全集当該巻のページ、= =:ルビ、〈 〉:同じものが複数回出てくる場合その回数

シラミ目

《7》【童話】『鳥箱先生とフウねずみ』(しらみ)170〈2〉

カゲロウ目

《8》【童話】『〔フランドン農学校の豚〕』(蜉蝣のごときは)93

《9》【童話】『〔フランドン農学校の豚〕』︹初期形︺(蜉蝣のごときは)296

《7》【童話】『蜘蛛となめくぢと狸』(かげろふ)6　7〈8〉

《9》【童話】『洞熊学校を卒業した三人』(かげろふ)243　244〈8〉

カメムシ目

《8》【童話】『三人兄弟の医者と北守将軍』（油むしは枝にいっぱい）64
《6》【詩】「冬のスケッチ」『冬のスケッチ（五）』（雪の蟬／また鳴けり）26
《6》【詩】「詩ノート」「〔失せたと思ったアンテリナムが〕」（わづかな蟬の声がする）162
《6》【詩】「生前発表詩篇」『半陰地選定』（こんどは蟬の瓦斯発動機が）566
《8》【童話】『風野又三郎』（小さな蟬などもカンカン鳴き）29
《9》【童話】『さいかち淵』（蟬が雨のやうに）59（蟬ががあがあ）61〈2〉
《5》【詩】「文語詩未定稿」『〔館は台地のはななれば〕』（浮塵子あかりをめぐりけり）248
《4》【詩】「春と修羅　詩稿補遺」『来訪』（ちいさな浮塵子）248
《4》【詩】「春と修羅　詩稿補遺」『〔おれはいままで〕』（ひぐらしもなけば冠毛もとぶ）297

トンボ目

《2》【詩】「春と修羅」『春と修羅』「休息」（とんぼが飛び）32
《2》【詩】「春と修羅」『グランド電柱』「銅線」（とんぼのからだの銅線を）113
《2》【詩】「春と修羅」『風景とオルゴール』「第四梯形」（とんぼは萱の花のやうに飛んでゐる）204

《4》【詩】〔春と修羅Ⅲ〕『和風は河谷いっぱいに吹く』（赤いとんぼもすうすう飛ぶ）110
《7》【童話】『蜘蛛となめくぢと狸』（とんぼ）8
《7》【童話】『貝の火』（とんぼ）55
《7》【童話】『畑のへり』（とんぼ）72
《7》【童話】『〔若い研師〕』（とんぼのはねのやうな）205
《9》【童話】『畑のへり』（口のなかにはとんぼのやうな）257
《9》【童話】『洞熊学校を卒業した三人』（とんぼが来て）244
《3》【詩】〔春と修羅Ⅱ〕『亜細亜学者の散策』（はぐろとんぼがとんだ）90
《4》【詩】〔春と修羅　詩稿補遺〕『葱嶺先生の散歩』（はぐろとんぼが飛んだか）308
《6》【詩】〔生前発表詩篇〕『葱嶺先生の散歩』（はぐろとんぼが飛んだか）581
《5》【詩】〔文語詩未定稿〕『駅長』（ごみのごとくにあきつとぶ）267
《6》【詩】〔補遺詩篇Ⅰ〕『〔高圧線は　こともなく〕』（あきつの翅と　霧をもて）385
《6》【俳句】〔句稿〕「連句」（稲上げ馬にあきつ飛びつゝ）602
《12上》【手帳】〔兄妹像手帳〕（あきつの翅と）130

直翅目

《5》【詩】「文語詩稿一百篇」『林館開業』（直翅の輩はきたれども）90

《3》【詩】「春と修羅Ⅱ」『〔はつれて軋る手袋と〕』（わたくしのつくった蝗を見てください）189

《3》【詩】「春と修羅Ⅱ」『〔はつれて軋る手袋と〕』（ロッキー蝗といふふうですね）189

《6》【詩】「生前発表詩篇」『移化する雲』（わたくしの創つた蝗を見てください）574

《6》【詩】「生前発表詩篇」『移化する雲』（ロッキー蝗といふ風ですね）574

《3》【詩】「春と修羅Ⅱ」『九月』（ばったが飛んでばったが跳んで）240

《4》【詩】「春と修羅　詩稿補遺」『保線工夫』（罐にいなごをとってゐた）223

ハチ目

《2》【詩】「春と修羅」『オホーツク挽歌』「鈴谷平原」（蜂が一ぴき飛んで行く）（私のとこへあらはれたその蜂は）（だから新らしい蜂がまた一疋飛んできて）178〈3〉

《3》【詩】「春と修羅Ⅱ」『風と杉』（蜂＝すがる＝は熱いまぶたをうなり）116

《3》【詩】「春と修羅Ⅱ」『山の晨明に関する童話風の構想』（そこには碧眼の蜂も顫える）237

《3》【詩】「春と修羅Ⅱ」『〔落葉松の方陣は〕』（林いっぱい虻蜂＝すがる＝のふるひ）126

《6》【詩】［生前発表詩篇］『半蔭地選定』（林いっぱい虻蜂＝すがる＝のふるひ）566
《2》【詩】［春と修羅］『習作』（足なが蜂）30
《2》【詩】［春と修羅］『オホーツク挽歌』「鈴谷平原」（蒼い眼をしたすがるです）178
《4》【詩】［春と修羅Ⅲ］『秋』（蜂が終りの蜜を運べば）30
《4》【詩】［春と修羅Ⅲ］『金策』（梢いっぱい蜂がとび）97
《5》【詩】［文語詩未定稿］『雹雲砲手』（蜂のふるひのせわしきに）177
《6》【詩】［詩ノート］「〔その青じろいそらのしたを〕」（甘いかほりといっぱいの蜂）179
《6》【詩】［補遺詩篇Ⅰ］『〔九月なかばとなりて〕』（蜂の羽の音しげく）384
《7》【童話】『貝の火』（蜂のやうにかすかにうなって）43（蜂）55〈2〉
《7》【童話】『〔若い木霊〕』（すきとほる蜂＝すがる＝のやうな）208
《7》【童話】『カイロ団長』（蜂もぶんぶん）227
《9》【童話】『タネリはたしかにいちにち嚙んでゐたやうだった』（蜂＝すがる＝だか？）（蜂でない）65（ホースケ蜂が巣を食ふぞ）66〈3〉
《9》【童話】『〔ポランの広場〕』（小さな蜂が）（それは蜂が）175〈2〉
《9》【童話】『税務署長の冒険』（どこかで蜂か何かゞ）207

《9》【童話】『洞熊学校を卒業した三人』（眼の蒼い蜂の仲間が）242　（眼の碧い蜂）246　255　（眼の碧いすがるの群）251〈4〉
《10》【童話】『ポラーノの広場』（黒い小さな蜂）（蜂が）（蜂が）（蜂がゐるんだ）（蜂だらう）（蜂なら）79〈6〉
《10》【童話】『ひのきとひなげし』（蜂め）213
《11》【童話】『どんぐりと山猫』（蜂の巣をつゝついたやうで）15
《11》【童話】［生前発表童話］『シグナルとシグナレス』（山一ぱいの蜂の巣を）151
《12上》【手帳】［兄妹像手帳］（蜂の羽の）128
《3》【詩】［春と修羅Ⅱ］『遠足統率』（蜜蜂がまたぐゎんぐゎん鳴る）202
《4》【詩】［春と修羅　詩稿補遺］『〔しばらくだった〕』（果樹だの蜜蜂だの）257
《10》【童話】『グスコンブドリの伝記』（黒い蜜蜂が）31　（蜜蜂がぶんぶん）42〈2〉
《11》【童話】［生前発表童話］『グスコーブドリの伝記』（蜜蜂がいそがしく）207
《2》【詩】［春と修羅］『真空溶媒』（ただいっぴきの蟻でしかない）42
《4》【詩】［春と修羅Ⅲ］『〔漯雨はそそぎ〕』（いまいそがしくめぐる蟻）19
《4》【詩】［春と修羅　詩稿補遺］『〔行きすぎる雲の影から〕』（赤い小さな蟻のやうに）289

《5》【詩】〔文語詩稿五十篇〕『驟雨』（蟻はその巣をめぐるころ）46

《5》【詩】〔文語詩稿一百篇〕『歯科医院』（風なき窓を往く蟻や）84

《7》【童話】『蜘蛛となめくぢと狸』（蟻）9

《7》【童話】『ツェねずみ』（蟻）160　161〈8〉

《7》【童話】『十力の金剛石』（蟻のお手玉）189

《7》【童話】『カイロ団長』（蟻の公園地）220（一ぴきの蟻が）（蟻）226〈3〉

《7》【童話】『畑のへり』（蟻）73　74〈4〉

《8》【童話】『おきなぐさ』（蟻）179　184〈3〉

《9》【童話】『洞熊学校を卒業した三人』（蟻に連れて）245

《11》【童話】『どんぐりと山猫』（蟻のやうにやってくる）14

《11》【童話】『鹿踊りのはじまり』（蟻こも行がず）97

《11》【童話】〔生前発表童話〕〔朝に就ての童話的構図〕（蟻の歩哨は）（蟻の兵隊が）（二疋の蟻の子供らが）230（二疋の蟻は）（蟻の子供らは）231（蟻の歩哨は）（蟻の子供ら）232〈9〉

《3》【詩】「春と修羅Ⅱ」『図案下書』（漆づくりの熊蟻どもは）216

《7》【童話】『畑のへり』（熊蟻）71　72〈6〉

八工目

《4》【詩】〔春と修羅Ⅲ〕『〔今日こそわたくしは〕』（どんなにしてあの光る青い虻どもが）87
《6》【詩】〔補遺詩篇Ⅱ〕『花鳥図譜　雀』（虻が一疋下へとび）451
《9》【童話】『畑のへり』（小さな虻）256
《10》【童話】『ひのきとひなげし』（青いチョッキの虻さん）213
《6》【詩】〔詩ノート〕「〔今日こそわたくしは〕」（光る青いあぶどもが）164
《9》【童話】『洞熊学校を卒業した三人』（あぶ）242〈4〉
《6》【詩】〔詩ノート〕「ドラビダ風」（迦須弥から来た緑青いろの蝿である）143
《6》【詩】〔詩ノート〕「〔すがれのち萓を〕」（青い蝿が一疋）167
《6》【詩】〔詩ノート〕「路を問ふ」（蝿と暗さと）200
《9》【童話】『なめとこ山の熊』（硝子の蝿とり）235
《5》【詩】〔文語詩稿一百篇〕『〔秘事念仏の大師匠〕』〔二〕（蒼蝿ひかりめぐらかし）138
《2》【詩】『オホーツク挽歌』（小さな蚊が三疋さまよひ）169
《6》【詩】〔冬のスケッチ〕「〔冬のスケッチ　補遺〕」（蚊はとほくにてかすかにふるひ）62
《7》【童話】『蜘蛛となめくぢと狸』（蚊）6　8　9〈7〉

チョウ目

《11》【童話】『グスコーブドリの伝記』（大きな白い蛾）（蛾の方は）205〈2〉
《8》【童話】『毒蛾』（毒蛾）79　80　81　82　83　85　86　87〈16〉
《10》【童話】『ポラーノの広場』（毒蛾）104　106　107　108（毒蛾にさわられた）110（毒蛾のために）111〈8〉
《2》【詩】［春と修羅］『真空溶媒』「蠕虫舞手」（毛虫か海鼠のやうだしさ）53
《10》【童話】『グスコンブドリの伝記』（小さなけむしの児）30
《2》【詩】［春と修羅］『オホーツク挽歌』「樺太鉄道」（松毛虫に食はれて枯れたその大きな山に）176
《10》【童話】『ポラーノの広場』（野原の松毛虫だ）92
《11》【劇】『ポランの広場　第二幕』（野原の松毛虫）347
《9》【童話】『〔或る農学生の日誌〕』（甘藍の夜盗虫みたいな）（夜盗虫）230〈2〉
《6》【詩】［詩ノート］「〔南からまた西南から〕」（ずゐ虫は葉を黄いろに伸ばした）189
《10》【童話】『グスコンブドリの伝記』（てぐす）27〈3〉
《11》【童話】『グスコーブドリの伝記』（てぐす）202　203　204　205　206〈11〉
《12上》【手帳】［ＧＥＲＩＥＦ印手帳］（てぐすは虫の病気によって全滅）227
《3》【詩】［春と修羅Ⅱ］『早池峰山嶺』（夏蚕飼育の）112

コウチュウ目

《10》【童話】『銀河鉄道の夜』（一つのあかりに黒い甲虫がとまって）143
《11》【短篇】［初期短篇綴等］『うろこ雲』（小さな甲虫が）263
《11》【手紙】『〔手紙四〕』（ポーセの靴に甲虫を飼って）319
《11》【劇】『ポランの広場　第二幕』（甲虫の羽音）342
《7》【童話】『蜘蛛となめくぢと狸』（かぶとむし）9
《7》【童話】『蛙の消滅』（かぶとむし）241
《7》【童話】『よだかの星』（かぶとむし）86
《9》【童話】『〔ポランの広場〕』（かぶとむしや何か）（一ぴきのかぶとむし）（いのししむしゃのかぶとむし）170（べっ甲いろのはねをひろげたかぶとむし）174（かぶとむしやびろうどこがねむしは）185〈5〉
《9》【童話】『洞熊学校を卒業した三人』（ごろつきのかぶとむし）245
《10》【童話】『ポラーノの広場』（いのししむしゃのかぶとむし）81
《11》【短篇】［初期短篇綴等］『うろこ雲』（なんばん鉄のかぶとむし）264
《11》【劇】『ポランの広場　第二幕』（かぶとむしやびらうどこがねは）348
《3》【詩】［春と修羅Ⅱ］『鉱染とネクタイ』（くわがたむしがうなって行って）220

《4》【詩】[春と修羅 詩稿補遺]『来訪』（くわがたむしがビーンと来たり）247

《9》【童話】『〔ポランの広場〕』（るりいろのかみきりむしは）174

《8》【童話】『風野又三郎』（みづすましの様に）16

《3》【詩】[春と修羅Ⅱ]『〔北上川は熒気をながしィ〕』（びらうどこがねが一聯隊）

《6》【詩】[生前発表詩篇]『花鳥図譜・七月』（びらうどこがねが一聯隊）586

《9》【童話】『〔ポランの広場〕』（たしかにびらうどこがねの）176（かぶとむしやびらうどこがねむしは）185〈2〉

《11》【劇】『ポランの広場　第二幕』（かぶとむしやびらうどこ

《3》【詩】[春と修羅Ⅱ]『〔温く含んだ南の風が〕』（螢は消えたりともったり）92（螢は青く

《3》【詩】[春と修羅Ⅱ]『〔この森を通りぬければ〕』（螢があんまり流れたり）95（螢が一さう乱れて飛べば）96〈2〉

《6》【詩】[生前発表詩篇]『鳥』（螢がこんなにみだれて飛べば）499（はやしのなかは螢もこんなにみだれて飛ぶし）500〈2〉

《9》【童話】『〔銀河鉄道の夜〕』（螢のやうに）106　120〈2〉

《10》【童話】『銀河鉄道の夜』（螢のやうに）134　147（千の螢）164〈3〉
《11》【短篇】［初期短篇綴等］『秋田街道』（螢がプイと）247
《3》【詩】［春と修羅Ⅱ］『〔温く含んだ南の風が〕』（ほたるはみだれていちめんとぶ）91（ほたるの二疋がもつれてのぼり）94〈2〉
《6》【俳句】［句稿］（斑猫は二席の菊に眠りけり）599
《7》【童話】『畑のへり』（てんたうむし）71
《7》【童話】『蛙の消滅』（てんたうむし）237　241　242　243〈11〉
《11》【劇】『植物医師』（根切虫）354（3）
《11》【劇】『植物医師』（針金虫）357　358　359（3）

賢治と地質学

「石ッコ賢さん」と呼ばれるほど石が好きで集めていたが、それが岩石・地質・宝石などにも繋がっている。大正八年の頃、宝石商になりたいという希望を父親に告げ反対されたことがあった。採集から加工まで考えていたようである。詩や童話の中にも岩石や鉱物の名前が出てくるものがある。火山弾という言葉は、賢治の童話「気のいい火山弾」で覚えた。

埼玉県の長瀞にある県立自然の博物館に勤めておられた地学が専門の本間岳史氏に昔ループタイをいただいたことがあった。長さ四六、幅三〇ミリメートルの七角形の石が付いていて、御自身で切ったり削ったり磨いたということであった。賢治の宝石商になりたいという話で思い出し、その石の名前を聞きに行った。それは黒曜石とのことだったが、私が賢治の話をしたということから、賢治が秩父に来たことについての話がはずみ、自然の博物館で発表された論文の別刷りをいただいた。さらに「埼玉県立歴史と民俗の博物館」の大明敦氏の論文別刷りを二部いただいた。本間氏は賢治よりもその親友の保阪嘉内に興味があるとのことだった。嘉内は、賢治が来た翌年の大正六年に研修旅行で秩父に来た時に詠んだ二九六首の短歌をまとめて「秩父始原層　その他」という題でノートに整理している。そのうち一五四首に岩石・鉱物が詠まれているとのことで、本間氏の論文にはその歌全てと、そこに出てくる岩石・鉱物・地質現象の一覧表と説明が載っていた（本間岳史「『秩父始原層　其他』に詠まれた岩石・鉱物――宮澤賢治の畏友　保阪嘉内の歌稿ノートから――」『埼玉県立自然の博物館研究報告』二　二〇〇八　埼玉県立自然の博物館）。

大明氏の論文は小鹿野の旧寿旅館に賢治たちが泊った時の宿帳の発見のいきさつ（大明

敦「小鹿野町における宮澤賢治の足跡――田隝保日記の記述から見えるもの」『埼玉県立歴史と民族の博物館紀要』六　二〇一二　埼玉県立歴史と民族の博物館）、もう一篇は「粋なもやうの博多帯」についての考察である（大明敦「埼玉県における賢治詠歌の一考察――「粋なもやうの博多帯」の片岩について――」『埼玉県立歴史と民俗の博物館紀要』七　二〇一三　埼玉県立歴史と民俗の博物館）。このような研究があることを知らなかったので、いろいろ得るところが大きかった。賢治らは地学の研修に来たわけだし、その専門の方が関心をもって賢治について書いておられるのは当然だが、私にとっては一つの盲点であった。この秩父への旅行で採集した石の標本が岩手大学に残っており、寄居の波久礼という地名などがラベルに読み取れるという。

賢治は星や宇宙にも興味があったようで、「銀河鉄道の夜」にはその知識がちりばめられている。大正一一（一九二二）年（賢治二六歳）にアインシュタイン博士が来日している。この影響もあったと言われている。二〇一五年現在、冥王星探査機が九年半かけて接近し、鮮明な画像を送ってきている。今賢治がいたらどんな感想を持ち、どんな童話を書くだろうか。光の速さならば四時間半の距離だというが、そう言われてもピンとこない。ちなみに冥王星が発見されたのは昭和五（一九三〇）年、賢治が亡くなる三年前のことで、このニュースは賢治も読んでいたことと思う。

賢治と宗教

父親の政次郎氏は浄土真宗を信仰し、土地の信者を集めて会を開きその世話をするなど土地の名士だった。そうした環境の中で育った賢治は、家のすぐ近くの寺に、飢饉で餓死した人の供養塔が多く建っている、その庭を遊び場にしていたり、幼い頃から念仏を唱えたりしていた。家が裕福な古着屋・質屋をやっていたことが生涯の負い目となり、父親への反発ともなった。

賢治は一八歳の時に、『法華経』に深く感動したという。法華経信仰は生涯続き、父親や友人と対立したこともある。大正九年には国柱会に入会し、一〇年には家出して出版社で謄写版原紙を切る仕事などをしながら、布教活動をした。国柱会は日蓮宗系の在家組織であるが、戦時中は国家主義的で軍部の思想を支えた面がある。

国柱会を設立した田中智学が「八紘一宇」という語を一九二〇年に造語し、それが侵略戦争を推し進めるために利用され、戦後GHQから公文書での使用を禁じられたという。この国柱会の影響を受けた人たちの中には「満州国」を作ったり、盧溝橋事件を起こしたりした軍人など、戦争推進者が多くいる。

賢治は国柱会に入会し、その教えを広めるために童話を書いたと言われているが、このために賢治を毛嫌いしている人もいる。しかし賢治を戦争協力者とは言えないだろう。童話もほとんど宗教臭は感じられない。

私自身は宗教には全く関心がなく、自宅には神棚も仏壇も無い。これは戦時中お寺に学童集団疎開し、戦後もしばらくお寺に住まわせてもらった経験からの影響である。従って賢治の宗教に関しては興味も無く理解しようとも思わなかったので何も分からない。

「小岩井農場」という詩についても自然、生物的な見方しかできない。萩原昌好氏の『宮澤賢治「修羅」への旅』を読むと、心象スケッチの心象には仏教の世界が詠まれていて、それを抜きにしてはこの詩は鑑賞できないことが書かれている。これは他の詩についても言えることで、私は今まで何を読んでいたのかと思ってしまう。

賢治と科学

科学と化学は耳で聞くと同じで、どちらのことか分からないので、サイエンスとケミストリイと言うのが普通である。物理・化学・生物・地学などの自然科学、だけでなく経済学・法学などの社会科学、心理学・言語学などの人間科学もある。賢治は自然科学のみならず他の分野にも関心があったと思われる。

賢治と農業

賢治の生きていた時代、日本の人たちの多くが農業に従事していた。家が古着屋兼質屋をやっていた、つまり商家だったのになぜ農民の暮らしの向上に命をかけることになったのだろう。中学生の頃から生物や地学、いわゆる自然科学を好んでいたことから盛岡高等農林学校に進み、その後農学校の先生になっている。通って来る生徒は農家の子供たちだった。そこで農民の生活をつぶさに感じ、宗教観とあいまって農民の生活の向上を目指すようになっていったものと思われる。

農民になるつもりで教師を辞め、羅須地人協会を設立して、それまでに学んできた知識を農民のために使い始めた。新しい品種を勧めたり、肥料設計をしたり、さらに農民の生活を豊かにするために、音楽・劇などの鑑賞や上演を試みたりした。しかし当時の世の中はそれを許さず、健康に恵まれないこともあって、羅須地人協会も解散せざるをえなかった。賢治を好きな人の多くは、この時期の自己犠牲とも言える献身に心動かされるのではないだろうか。

賢治と教育

賢治が教員として勤めていたのは「稗貫農学校」という小さな学校で、大正一〇（一九二二）年一二月～大正一五年三月の四年三ヶ月にしか過ぎない。なかなかユニークな先生だったようである。

賢治の教員としての素晴らしさがいろいろ書かれている。それを実践しようと「賢治の学校」という自主学校を創設された鳥山敏子さんが亡くなられたという記事がスクラップ帖に貼ってあった（二〇一三年一〇月一六日）。「賢治の学校」は東京に移って「東京賢治の学校」に、現在は「東京賢治シュタイナー学校」になっているという。教育について何か言える立場にはないが、時代、生徒などが違えば単純に比較はできないだろう。賢治と同じ条件で勤めていたら、どんな教育ができただろうと考えることがある。逆に県の底辺校と言われていた高校に勤めていたことがあるが、賢治だったらどんな教育ができただろうとも考える。

テニスをしながら商売の先生から
　義理で教はることでないいんだ

という賢治の反省をどれだけ自分のものにできたか。それは弁当も持ってくることのできない生徒に対する気持ちを詠んだ詩であるが、現在の先生はテニスをする暇もないほど雑用に追いまくられているようである。

賢治の時代は生徒を野外に連れ出して実地教育ができた。それを実行しようとしたわけではないが、私の授業の生物では実験と野外での実習を多く取り入れようと試みた。すぐ裏が山だったときは、土壌生物を調べさせたり、茸狩りをしたり、春には毎年植物を調べさせた。ムカデやヤスデで、きゃあきゃあ言っていた女子もすぐ平気になったし、私自身も春花の咲く野草（平地・陽地・関東地方）はほとんど覚えた。

しかし今でも給食費を払えない家庭もある。大正時代は今よりもむしろずっと自由な教育ができたようである。日浦勇『自然観察入門』（中公新書　昭和五〇年（一九七五）三月中央公論社）という本が役にたった。

趣味として

チェロ：『セロ弾きのゴーシュ』を書くためにチェロを買い、上京した折に習いに行ったのだろうか。書いたことがきっかけでチェロを弾くようになったのだろうか。実際はチェロに関心を持ち、買った方が早かったようである。しかしあまり上達はしなかったようである。当時の東北の零細農民で、チェロを買ったり、弾いたりした余裕のある人はどのくらいいただろうか。家からの援助や農学校の月給をレコードや浮世絵などに惜しげもなくつぎ込んでいたと言われるが、学校に通って来る子供たちを見ているなかで、やがて学校を辞め、農民として生きようと決意する。そして羅須地人協会の活動へと入って行く。

レコード：花巻でもっともレコードを買っていたのは賢治だったという話を読んだことがあるが、農学校や羅須地人協会でレコードコンサートを開いたこともある。当時のレコードは交響曲一曲をかけるのに一〇枚以上必要だったから、一曲でも大変だったと思うが、特に好きだったベートーベンの交響曲は全曲買っていたという。ＬＰレコードが出て、レコードを聞くのも楽になったが、それはずっと後の話である。私の好きな「田園」を賢治も好きだったろうか。これも当時の農民の生活では楽しむことのできなかったことである。ＬＰレコードの出たのは一九四八年とのことなので、賢治の時代には考えられないことだった。

浮世絵：浮世絵を好んで買っていた時代がある。賢治がサハリン旅行で世話になった王子製紙会社の細越健氏に二枚の浮世絵を贈っているが（大正一四年頃）、それは「写楽」のものだという（前掲　萩原昌好『宮澤賢治「修羅」への旅』）。写楽が世に出たのは、ドイツの美術研究家ユリウス・クルドが『Sharaku』（一九一〇）という本で世界の三大肖像画家と称賛してからと言われるが、賢治が浮世絵収集に熱中したのは大正八（一九一九）年なのでこの本を見ているかもしれない。春画も含まれていたという。

エスペラント：エスペラントを習ったり、これを使って詩作を試みたこともある。今では考えられないことであるが、エスペラントを学ぶことは当時は左翼運動と結び付けられていて、当局ににらまれることだった。結局日本ではエスペラントは普及しなかった。二葉亭四迷がエスペラントの教科書を書いているとのことで、意外な人が学んでいたようである。世界中の全ての国民が同じ言葉を使うことで意思を通じ合い、それが戦争を無くすことになるという考えはわからないでもない。どこかの国に有利にならないように作られているというが、そもそもアルファベットを使うことが、最初から日本人などには不利になると私は思っていた。

私の持っている最も古い昆虫図鑑は岡崎常太郎氏の著した『コンチュー七〇〇シュ』という全部仮名で書かれた本であるが、エスペラントとは別に、日本語をすべて仮名にしようという運動もあった。カナモジカイという団体が普及を目指したが、これも結局普及しなかった。（『テンネンショクシャシンコンチュー七〇〇シュオカザキツネタロー　マツム

ラサンショードー』昭和五年九月）

ベジタリアン：札幌に住んでいたころ私は石狩川の河口近くの花畔（バンナグロ）にハナダカバチを求めて採集に行ったことがある。昼飯は南部煎餅だけだった。賢治の詩にそんな場面があったと思うが、その詩は「朝餐」という詩だったと思う。南部煎餅という言葉は出てこなかったが、朝食に蓆に座って煎餅を食べている詩である。そんなことをやってみたかったという記憶である。

農民となって、粗食で過ごそうとした賢治は、結核にかかっていて栄養を取らなければいけないのに粗食を自らに課し、それが寿命を縮めたのではないかと思える。

第三章　賢治の文学について思うこと

以上の四本の柱（地質学・宗教・科学・農業）の中心に文学があると言われる。それは短歌・詩・童話・文語詩に分けられる。

短歌と俳句

明治四四年（一九一一）、賢治一五歳のとき、短歌を作り始める、という記載が年譜にある。絶筆となった二首などもあるが、東京での布教活動の頃、大正一一年（一九二二）一月「屈折率」を書いたころまでで、それ以降は詩作に移ってしまった。約一〇〇〇首を作ったという。

賢治の短歌を最初に読んだ時の記憶がない。自分が短歌を作るようになる前だったと思う。ただ次の歌だけは覚えている。

父よ父よなどて舎監の前にしてかのとき銀の時計を捲きし

明治四二年、中学一年の時作った歌で、継続的に作り始める前のものである。私が短歌を作り始めたのは一九七八年九月で、「花実短歌会」に入り、三七年ほどになる。私の歌で賢治の出てくるものは少ない。

発車せる銀河鉄道か暗き夜の鉄塔高く赤き灯二つ　敏明　一九八〇・二
賢治忌の九月は我の生まれ月栗のなる月茸出る月　敏明　一九八四・一
翁草賢治の呼べるうずのしゅげこの頃野生に見ることのなし　敏明　一九九七・六

賢治の俳句は短歌に比べるとはるかに少なく、石寒太『宮澤賢治の俳句　その生涯と全句鑑賞』（一九九五　ＰＨＰ研究所）によれば、一般作品一五句、菊の連作一六句があるのみらしい。しかし一般作品の中の二句は別の作者による句であることが判明し、他に疑問の句が二句ある。

これらの他に連句三、付句一三がある。

詩（心象スケッチ）

賢治は自分では詩と呼ばず「心象スケッチ」と呼んでいた。約八〇〇編の詩を書いたという。mental sketch modified と書かれているものもある。目に写ったさまざまな情景を描写しながら、心のなかに湧き出たさまざまな考えを同時に記していくというやりかたで書かれた詩である。書かれた言葉はこころという篩を通って意味が加わり、より深くなった。しかし自然描写と心象の割合は詩によってだいぶ差があるように感じる。

童話

賢治といえばやはりまず童話だと思う。生涯に一〇〇編ほどの童話をつくっている。他の分野がすべて無くて、童話だけだったとしても、童話作家として名前が残っただろう。賢治が『法華経』の教えを広めるために、童話を書いたと言われるが、ほとんどの童話には宗教的なにおいが感じられない。むしろ科学者としての目を感じるのは私だけだろうか。童話の主人公の名前や、出てくる言葉には独特のものがあり、科学用語やエスペラントや、何から作ったものかまだ解明されていないものもある。たとえばクラムポン、谷川での蟹の会話に出てくるが、意味不明だという。

「タネリはたしかにいちにち嚙んでゐたやうだった」のタネリは本名はホロタイタネリである。最初に読んだ時浮かんだのはホロタイプという言葉だった。新種を記載する、学名を付ける時には一頭の生物を使う（昆虫も専門的には一頭と数える、一匹ではない）。その標本をホロタイプ（Horotype）と言い、その学名を赤いラベルに書いて付けておく。それは永久保存しなければならない。その標本の大きさ、色、形などを細かく記録するのを記載という。同じ種の別の標本で変異などを調べたものをパラタイプ（Paratype）と言い、これは何頭あってもいいがピンクのラベルを付けておく。

原子朗の『新宮澤賢治語彙辞典』を引いてみたら、こんな説明が載っていた。

ホロタイタネリ：童[タネリはたしかにいちにち嚙んでゐたやうだった]の主人公。アイヌ語でポロタイ（porotai）は「大きな森」、タネリ（taneri）は、天沢退二郎はタネは「長い」、リは「高い」と新潮文庫で、大塚常樹は「今、剝ぐ」の意と角川文庫で注している。心理学では森は深層心理を表すから、「巨大な深層心理を今あらわにする」の意味になると大塚は言う。

さすがに専門家はいろいろな知識を持ち、それが専門的な解釈なのだろうと思う。ポロタイか、ホロタイプかと言うつもりはないがポをホにするのも、プを省略するのもあまり変わらないような気もする。世界でただ一人のタネリではなぜいけないか。

『風の又三郎』『ポラーノの広場』『グスコーブドリの伝記』『銀河鉄道の夜』、これら四つの長編でさえも、発表後に手を入れている。原稿が一部不明のものもある。『銀河鉄道の夜』でさえ三回も書き直して、最後は重要な登場人物が消されている。

妻が図書館で『風の又三郎』を借りてきた。賢治の本のコーナーにはなかったなと思ったら、子供の本のコーナーにあったという（監修 天沢退二郎・萩原昌好『宮澤賢治絵童話集』全一五巻　一九九三　くもん出版）。最後のページに寄贈図書という印があり、寄贈者宮澤清六殿という記入があった。登録されたのは、九．二．五．（平成九年二月五日？）となっている。この一五冊セットの絵童話をどういう経緯で、どんな時に寄贈されたのか聞いてみたがその時の職員は既に一人も残っていなかった。一五冊をぱらぱらめくっていたら、一冊に「井戸川眞則様　宮澤清六　一九九三．七．二五」と大きく署名されていた。寄居町に賢治の歌碑を建てた時、宮澤清六さんとの間で歌碑を建てることの了解、字体など手紙のやり取りがあったことが他で記録されているが、この後井戸川さんより図書館に寄贈されたものと思われる。なお子供のコーナーには、子供向けに編集された賢治の童話や漫画になった作品が多数並んでいた。

賢治の作品の人気投票をやったら、一位には何が選ばれるだろう。『銀河鉄道の夜』という銀河を旅する壮大な夢か、自然への郷愁を誘う『風の又三郎』か。私だったら『グスコーブドリの伝記』を推すだろう。

ここには大きな三つの夢が描かれている。その一つは、イーハトーブにある全ての火山の状態を把握し、噴火による災害を防ごうという夢である。火山局で全ての火山が監視されていて、いつ噴火しそうだとか、常時観測されている。二つ目の夢は雷を使って空中の窒素を固定させ、窒素肥料を雨とともに降らそうという計画である。三つ目の夢は、火山を噴火させることによって空気中の炭酸ガスを増やし、気温を上昇させることによって冷害による不作を無くそうという夢である。国民の多くが農民だった当時とは考え方も違うだろうし、科学的にも問題を指摘することはできるだろう。戦後、干ばつの時に人工的に雨を降らす人工降雨が実際に行われたこともある。また活火山の監視体制も行われるようになってきた。地球温暖化については人間の活動により炭酸ガスが増加し、むしろその害の方が指摘されるようになった。だからといってこの童話で賢治が描いた夢が輝きを失ったわけではない。今の政治家がこのような壮大な夢を持っているだろうか。

二〇一五年のノーベル医学生理学賞を北里大特別栄誉教授の大村智氏が受賞した。氏は地中から、寄生虫駆除に効果のある化学物質を出す放線菌を発見し、この化学物質はエバーメクチンと名付けられた。アメリカのメルク社からこれを元に作られたイベルメクチンが動物の寄生虫駆除薬として売り出され、世界中の畜産で使われ大きな成果を上げている。さらにヒト用にメクチザンが開発され、年二億人の人たちが失明を免れるようになったという。この記事を読んで一番感銘したことは、メルク社の提唱に同意し、この薬を無償で提供したという事実だった。折しもTPP（環太平洋連携協定）交渉が妥結に近づいていたが、最後までもめていたのが新薬を開発した時の保護を何年にするかということだった。アメリカの一二年、途上国の五年の中を取って八年になったようであるが、無償提供とは反対の極にある。

文語詩

昭和五（一九三〇）年、というと亡くなる三年前から作り始めたという。以前の心象スケッチを元にしたものもあるが、創作したものもある。文語詩定稿五〇篇、文語詩定稿一百篇（実際は一〇一篇）、文語詩未定稿一〇二篇が残されている。死の直前の一ヶ月間に、一五一篇を清書しており、この文語詩が生涯を通して残したかったものだという意識があったようである。しかしその割には知られていない。病床で書かれたものもあり、宗教の影響がよく現れていると言われるが、それだけに難解な詩が多く、私にとっては難しい。これからの賢治研究が注目するところだろう。

オノマトペ

賢治の詩や童話にはオノマトペ（擬音語）が多く散りばめられている。それらには賢治の造語と思われる独特な言葉もある。たとえば『どんぐりと山猫』を見てみると、「……やまがうるうるもりあがって」とか「きのこが……どってこどってこと変な音楽を」など面白いオノマトペが見られる。

昔、寄居高校の教員がスキーに行った時、次のような『どんぐりと山猫』の一部を模造紙に書き、オノマトペの部分を空欄にしておいて、夜の団らんの時、空欄を埋めるという遊びをしたことがある。案外できなかったのに驚いた思い出がある。

どんぐりと山猫

〔前略〕「ふふん、まだお若いから、」と言ひながら、マッチを（1）と擦って、わざと顔をしかめて、青いけむりを（2）と吐きました。山ねこの馬車別当は、気を付けの姿勢で（3）と立ってゐましたが、いかにも、たばこのほしいのを無理にこらえているらしく、なみだを（4）こぼしました。

そのとき、一郎は、足もとで（5）塩のはぜるやうな、音をききました。びっくりして屈んで見ますと、草のなかに、あっちにもこっちにも、黄金いろの圓いものが、（6）ひかってゐるのでした。よく見ると、みんなそれは赤いずぼんをはいたどんぐりで、もうその数ときたら、三百でも利かないやうでした。（7）、みんななにか言ってゐるのです。
「あ、来たな。蟻のやうにやってくる。おい、さあ、早くベルを鳴らせ。今日はそこが日當りがいいから、そこのとこの草を刈れ。」山猫は巻たばこを投げすてて、大いそぎで馬車別当にいひつけました。馬車別当もたいへんあわてて、腰から大きな鎌をとりだして、（8）と、やまねこの前のとこの草を刈りました。そこへ四方の草のなかから、どんぐりどもが、（9）ひかって、飛び出して、（7）言ひました。

馬車別当が、今度は鈴を（10）と振りました。音はかやの森に、（10）とひびき、黄金のどんぐりどもは、すこししづかになりました。見ると山ねこは、もういつか黒い長い繻子の服を着て、勿体らしく、どんぐりどもの前にすわってゐました。まるで奈良のだいぶつさまにさんけいするみんなの絵のやうだと一郎はおもひました。別当がこんどは革鞭を二三べん、（11）と鳴らしました。空が青くすみわたり、どんぐりは（6）してじつにきれいでした。〔後略〕

（回答は次頁に）

（オノマトペの回答　1.しゅっ　2.ふう　3.しゃん　4.ぽろぽろ　5.パチパチ　6.ぴかぴか　7.わあわあわあわあ　8.ざっくざっく　9.ぎらぎら　10.がらんがらんがらんがらん　11.ひゅうぱちっ、ひゅう、ぱちっ）

第四章

賢治はどう語られてきたか——切り抜き帖から

大学ノートに賢治に関係のある新聞記事その他をずっと貼ってきた。集めようと思って集めたわけではなく、その時読んでいた新聞のものがほとんどである。新刊の広告から、その本の内容、行事の案内、続きものなど、昭和三一年からの記事である。様々な人が書いている。古い方から挙げてみると、草野心平・古谷綱武・山本健吉・中島健蔵・谷川徹三・谷真介・竹下数馬・山田野理夫・福田清人・真壁仁・斎藤文一・井上ひさし・林光・天沢退二郎・入沢康夫・中村稔・三好京三・畑山博・大江健三郎・手塚治虫・梅原猛・栗原克丸・高橋康雄、その他記者、署名の無いものも多い。

多くの人が言及している賢治論をここでも取り上げるべきだとは思うが、とてもそれだけの紙幅はないので、スクラップされている記事の中から私見で何人かを取り上げて紹介してみたい。専門の研究者でない人も入っている。これらは書かれた当時のその筆者なりの賢治のとらえ方である。

スクラップといえば、最近文章のなかに宮澤賢治という名前が一度だけ出てくるような文章が多くなったような気がする。わざわざ切り取って貼っておくのもどうかなと思われるようなものである。本を読んでいてもそういうことがある。

『窪島誠一郎・松本猛 ホンネ対談〈ふるさと〉ってなに?!』（新日本出版社 二〇一五年六月二五日 初版）という本の一一八頁に、こんな一節があった。

松本 ……この一九三三年というのは興味深い年なんです。後に母に大きな影響を与えた宮澤賢治が亡くなっている。小林多喜二が……

賢治の名はここに出てくるだけである。この母というのは画家のいわさきちひろである。こういう人にも影響を与えていたのだとあらためて思った。

以下ハンドコピーおよびスクラップしてあった文章から何人かについて触れる。

古谷綱武　「宮沢賢治文学の特色」（『学校図書館』一六四号 昭和三九年六月） 要旨

賢治文学の愛好者は、文学の愛好者というよりは、作品の中に聖者の声を聞こうとしている。聖者の文学と呼んだ人がいるが、近代文学はそれとは遠い。賢治は小説は書けなかった。童話では天才的な素晴らしさがある。

〔丸岡秀子の「賢治の穴から出よう」（本書14頁参照）はそのような見方を変えろということだったのか。わかっていたが反発したのは、自分の中に聖者の文学という見方があったためかもしれない。〕

小田切秀雄　「宮沢賢治の文学史的位置設定のために」（『文学』三二号　一九六四年三月　岩波書店　《宮澤賢治》）要旨

文学史に組み込まれていない。柳田国男と賢治は文学史では全く触れていないものがほとんどである。谷川徹三と中村稔の雨ニモマケズについての論争があった。賢治を毛嫌いしている人も多い。賢治は文壇には属さず無名の地方の知識人だった。修羅について具体的な姿は描かれていない。詩としては強烈だった。大正一一年に農民組合が結成され、大正一五年に「野良に叫ぶ」が刊行されている。中村稔の批判にあるように、農民の生活を救うための生産性の向上が地主対小作の対立関係や機械化の方向を見失ったことによって、行き詰った。武者小路実篤の新しき村と賢治の羅須地人協会には似たところもあるが、軍国主義に取り込まれるという弱点もあった。賢治は死後雨ニモマケズが利用された。大正～昭和初期が近代～現代の過渡期、この時期を個人的なやり方と献身で生き抜く。この過渡期を代表する作家の一人である。

福田清人　「名作文庫　宮澤賢治　風の又三郎」（『朝日新聞』一九六九年九月二一日）要旨

昭和八年に永眠するまで、賢治を認める人は極めてまれだった。昭和一五年に十文字屋の全集が出て、まず詩人として認められた。農民文化への関心から生涯に照明が当てられるようになる。雨ニモマケズが聖者の印象をもって研究される。昭和一四年に劇団「東童」が「風の又三郎」を上演し、全国的に名が広まった。戦後一五〜二〇年の間に童話作家として児童達に普及した。

栗原克丸　（『考える高校生』一九八七年一一月──「教師像」再建のために──、『冬扇通信』二号・三号　一九八六年六月、八月）

栗原先生は埼玉県立小川高校で教鞭をとる傍ら図書館教育に力をつくされ、小川高校だけでなく、埼玉県高校図書館研究会長、埼玉県図書館協会副会長、日本図書館協会評議員などをされ、退職後は「冬扇社」を主宰され『冬扇通信』を発行された。

新聞の切り抜き等をスクラップした中に、賢治について『考える高校生』『冬扇通信』

のコピーが貼ってある。その両方に「稲作挿話」という賢治の詩が載せてある。それは、

これからの本統の勉強はねえ
テニスをしながら商売の先生から
義理で教はることでないんだ

という部分を特に引用したいために載せたのだと思う。この「稲作挿話」や「告別」「生徒諸君に寄せる」などの詩が私も好きだった。教員になったのもそれらの影響があったかもしれない。

それにしても栗原さんは私のどこを認めていたのだろうか。『近代日本を生きた人と作品——わが読書の旅から——』『流れに抗して——教師を生きた私の原風景——』『回生のとき』『本こそ学校』（いずれも冬扇社）などの本が手元にある。全て寄贈してくださったものである。『近代日本を生きた人と作品』には八四人の作家・詩人・歌人・思想家が取り上げられているが、その中に賢治も入っている。その最後に、「私は近年の賢治美化の風潮に必ずしも賛成しない。その天才は驚くばかりであるが、平凡な限界人として生きた彼の生の意義を認めた上で、「賢治さん」として愛したい。ときに自らの「修羅」との格闘なく

して賢治を語る資格はないとも思っている。」と結んでいる。同感である。

石井　透（『埼玉県高等学校国語教育研究会研究集録』一九八七）

「宮澤賢治の風土と時代――東北文学散歩二」という題で投稿されている。A子と先生の対話形式で五頁の文章である。以下に要約する。

一、イーハトーヴの明暗　旭川と熊谷の八月の平均気温の温度差が四・五度なのに一月は十一・四度もある。夏の北国の快適さからは冬の厳しさは想像できない。

二、松庵寺の餓死供養塔　賢治の生家のすぐ後ろの松庵寺に二十四基もの供養塔がある。東北の三大飢饉は宝暦五（一七五五）年、天明三（一七八三）年、天保四（一八三三）年と言われるが、天明では南部藩（花巻を含む）の餓死者は人口の二割、六万五千人、仙台藩は四〇万人だった。

松庵寺にはお救い小屋ができ、死んだ人のため供養塔を建て、ずっと供養を行ってきた。そこを賢治などが遊び場にしていた。

三、農村窮乏の原因　「グスコーブドリの伝記」などの影響から東北農民の苦しみの原因が冷害や旱魃だったと思うのは間違い。明治政府のやったことは、農民を苦しめることばかりだった。特に明治六（一九七三）年の地租改正で借金地獄に落ち、土地を手放し小作農になる者が多かった。

松方正義は大蔵卿、首相にもなったが日本銀行を作ったり金本位制を創設し、松方デフレと言われるが、この中で東北では全耕地の半分近くが地主のものになっている。

こういう中で埼玉県の秩父事件（一八八四年）が起こっている。

農民の貧困が冷害や凶作だけでなく、その元に政府の施策があることを賢治も気がついてはいた。昭和二（一九二七）年の詩に「きみたちがみんな労農党になってから／それからほんとのおれの仕事がはじまる」という一節がある。

一九二八年に第一回普通選挙があり、労農党稗貫支部に賢治は二〇円カンパしている。このとき山本宣治が当選している。大正一四（一九二五）年に治安維持法ができていたが、一九二九年にその改正案が出され、山宣が一人反対演説を行い、直後右翼に暗殺される。一九二八年に三・一五事件が起き、特高の拷問をあばいた小林多喜二が虐殺されている。賢治も刑事につけまわされ、羅須地人協会も解散のうき目にあっている。革命どころか社会という言葉すら口にできない時代だった。

四、賢治の悲劇

賢治は三七年の生涯の中で、家に寄食していなかったのは八カ月だったという。稲作指導や肥料設計も上手くいかなければ賢治のせい、百姓は感謝してないし、仲間とも思っていない。そして病気に倒れ、実家で静養している。そのなかで「雨ニモマケズ」は書かれた。賢治は家から逃げられなかった。個人でいくら献身しても、理解されない。当時長男が家を継ぐのが社会の掟だった。親に対する負い目、社会主義者にもなれず、同志もいない。そこに賢治の悲劇があった。

昨年の講演会のおり、終了後に元同僚だった方が聴きに来てくれたことを知り、一冊の本を手渡された。今勤めておられる埼玉県立本庄高校で同僚だった方が書いた本だという（須藤与志『泥塑賢治――宮澤賢治の原像』二〇一五　悠雲舎）。差し上げるということだったので、その場で図書館に寄贈してもらい賢治コーナーに加えてもらうことにした。しばらくたって登録されたので借りてきて読んだ。先の石井さんもそうだが、教員の中にもこのような専門的な説を表明される方が出てきたのは素晴らしいことだと思う。

私の家は南部藩の出だったかもしれない。父が教員になった時には、士族、平民という言葉がまだ生きていた。子爵とか伯爵などとともにこのような言葉のなくなった今の世の中を昔に戻したいと考える人がいることは、私には考えられないことである。

「雨ニモマケズ」の評価

「雨ニモマケズ」は賢治の死んだ翌年原稿の詰まっていたトランクのポケットから発見された手帳に書き留めてあったもので、宮澤賢治の名とともに知らない人はいないと思われる。またこれほど評価の分かれた文章はない。

何事にも文句を言わず、清貧の生き方は戦時中もてはやされ広まった。「一日ニ玄米四合ト」という部分が戦時中の配給制度に合わないと「三合」に勝手に変えられたりした。ちなみに昭和一四年（一九三九）より一日一人当たり二合三勺の配給で七分搗きより白く搗いてはいけなくなった。さらに昭和二〇年七月からは二合一勺になった。それも遅配・欠配で代用食としてサツマイモなどが配られた。もちろんただで配られたわけではなく買わされたわけである。

聖者の文学か敗者の文学か、という論争もあった。作中のデクノボーという人格をそっくり実践しようとした人さえいて、そんな本も出されている。

逆に、死に近く、したかったことが何もできなかったというあきらめの境地で産み落とされたものだという受け取り方もある。この文章を刻んだ石碑が日本の何か所に建てられているだろうか。今後もまだ増えると思われる。これほどの人気があるのは何故なのか。今の経済、金、金という風潮に対する反発なのだろうか。

「ヒデリノトキハナミダヲナガシ」というフレーズを、賢治は「ヒド・リノトキハ……」と書いている。この文章が発見され初めて活字になった時、「ヒデリノトキハ……」と勝手に書き変えられてしまい、それが定着してしまった。その後、濁点が間違いで、「ヒト・リノトキハ……」が正しいという説が出て、今でも確定していないと思われる。

しかしこの論争も、文章全体をどう受け取るかということから見ると小さな問題のように思える。賢治が亡くなった後に発見されたため確かめようがない。

しかしこのことを読んでからヒデリかヒドリかヒトリかが気になってしかたがない。小鹿野町で賢治たちが泊った寿旅館の碑はヒドリになっていた。賢治の書いたものにどんな昆虫が出てくるか、『校本宮澤賢治全集』を手紙など一部の巻を除いてざっと目を通したところ、「ヒドリ」という言葉は一度も出てこなかったが、「ヒデリ」は少なくとも六回は出てきた。だからといって賢治がヒデリと書くべきところをヒドリと誤記したと言うつもりはない。ヒドリが正しかったとすれば雨ニモマケズのみに使われたようである。

この詩をどう読むかについて今でも新しい説が出ている。やはり賢治の信仰していた日蓮の教えを抜きにしては理解できないのだろうか。

桐の木に青き花咲き／雲はいま夏の型なす

という文語詩がある。幾つかの短歌に詠われている初恋を後年振り返って詠んだ詩である。この詩そのものは評価しない人もいるが、そういう意見に反発するほど私は好きだったし、今でも暗誦することができる。

父母の許さぬもゆえ／きみわれと歳も同じく／共になほ二十歳に満たず／

われはなほなすこと多く／きみが辺はやぐものかなた

この「われはなほなすこと多く」というのは何を指しているのだろうか。二十歳前の若い時に思っていたことのようであるが、文語詩に直した晩年の賢治の気持ちであるかもしれない。その「なすこと」を身体を壊すまでやってきた。しかし今それも病気と、父母に逆らうことができぬがゆえに挫折しようとしている。その敗北感が「雨ニモマケズ」を書かせたのではなかったろうか。それはひっそりと手帳に書かれたまま、日の目を見た時は賢治はもうこの世にはいなかった。

この「雨ニモマケズ手帳」が最もよく知られているが、賢治は多くの手帳を残している。それぞれ「〜手帳」と名付けられ、『校本宮澤賢治全集』第十二巻（上）にまとめられ、研究者の研究資料に供されている。

雨ニモマケズの碑は（部分をふくめて）全国に次のようなものがあるようだ。

「花巻市桜町羅須地人協会跡」「鎌倉市長谷光則寺境内」「奈良市近鉄奈良駅東口噴水広場」「熊本県宇土郡三角町戸馳小学校」「広島県呉市安浦町柏島」「花巻市宮野目十三地割隆山荘」「静岡県裾野市深良総在寺境内」「宮城県気仙沼市唐桑町宿若草幼稚園裏若草山」「埼玉県秩父郡小鹿野町観光交流館中庭」

第五章 賢治を訪ねる家族旅行から

二〇一四年の家族旅行は宮澤賢治を訪ねる旅を兼ねて、平泉・盛岡を回ってきた。私は花巻は何回か訪れていたが、盛岡は岩手山に登った時に通過しただけで街は歩いていなかった。以下は家族旅行の記録である。秩父路の旅同様、私が作った短歌もそのまま載せておく。

五月二五・二六日に東京お茶ノ水のホテルで「花実」の年次大会があり参加した。二六日の朝、心房細動を起こしてしまい救急車で東京医科歯科大学付属病院に運ばれ、検査を受けた。幸い治療もせずに落ちついたので、そのまま帰されたが、動くと脳貧血が起きるので、二日目の行事には出られず、タクシーで自宅に帰った。その日のうちに地元の山田医院に掛かり、翌日深谷日赤で血液検査・心電図・レントゲン・MRの検査と診察を受けた。その日は不整脈は治まっていたが、妻の素子の運転で、ずっと附いていてもらった。東北の旅行がすでに手配済みだったので、行ってもいいかと聞くと、担当の山崎先生は大丈夫だと請け合ってくれた。多少の不安はあったが、予定通り行くことにした。以下の文章の中に載せたのは私の詠んだ歌である。

中尊寺〜繋温泉

家族での旅のはじめは桜沢高校示す柱を写す　敏明

六月二日（月）、秩父鉄道桜沢駅七時三六分の電車で妻の素子、次女のりさと出発する。まだ通学電車の時間帯で座れない。晴れて暑くなりそう。ここ何日か三〇度を越す暑さが続いている。

熊谷駅着八時一〇分。八時二五分発の高崎線に乗り、大宮駅着九時〇三分、ここで九時一四分発の東北新幹線に乗り換える。長女のみほは上野から乗ってきてここで合流。今の新幹線は昔のように揺れることも無く快適である。

色違ふ新幹線の連結はどこかで別れ秋田に行くか　敏明

郡山駅着一〇時一〇分、福島駅着一〇時三〇分、仙台駅着一〇時五〇分、くりこま高原駅着一一時一五分、一ノ関駅着一一時二五分、ここで東北本線在来線に乗り換える。ここまでで二時間一〇分ほどしかかからない。買ってきた駅弁を食べてしまう。東北本線が二両編成で、ローカル線といった感じである。横腹に「イーハトーブいわて物語——そういう旅に私はしたい——」と書いてある。これも賢治だ。一一時三五分発、平泉駅着一一時四五分。ロッカーに荷物を入れたり、パンフレットを集めたりして、一二時〇〇分にタクシーに乗り中尊寺へ。

東北本線の列車

金色堂の少し手前までしかタクシーは入らないが、それでもだいぶ登ってきた。金色堂に入る前に、賢治の石碑、芭蕉の石碑などを見る。堂内は撮影禁止なので、しばらくは写真が撮れない。覆い堂は大きいが、中の金色堂はずい分小さい。前でマイクで説明をやっている。聞いても全く頭に残らない。螺鈿や金箔なども古びてきて落ちついた感じになっている。外に出て少し歩くと旧覆い堂が建っている。昔の覆い堂を移築したもので、中に入ると中央に大きな柱が一本立っているだけで何も無い。案外狭い。この中に金色堂が入っていたとは思えない。
金色堂の横に讃衡蔵という宝物殿がある。入場券が金色堂と共通で、こちらにも入ることができる。ずらりと国宝がならんでいる。重要文化財もある。

国宝のずらりと並ぶ讃衡蔵金色堂の宝物納む　敏明

ビデオを放映して金色堂の説明を流しているところに座って一回半ほど見てしまった。りさ、みほ、素子の順で加わって、素子は一回は見ていないだろう。出て月見坂を下って行く。両側は太い杉の並木になっている、弁財天堂・阿弥陀堂・鐘楼・大日堂・峯薬師堂・本堂・地蔵堂・東物見が左側に、不動堂・薬師堂・弁慶堂・八幡堂などが右側に並んでいる。途中珍しく猫がいた。太ったアメショウ（アメリカンショートヘア）である。おとなしい。手を差し出すと指をぺろぺろなめた。

この旅に初めて撫でしアメショウは触（さわ）れる指をペロペロ舐める　敏明

本堂は大きなたてもので、りさと素子は回廊に上がって歩いている。山門の柱に小さい孔が沢山あり、見ているとジガバチモドキが飛んでいる。小型の黒いやつでヒメだろうか。

弁慶堂で、昔蜂を採ったのを思い出し近寄るとやはり小さい孔が沢山ある。四号線に出て、バスの時刻を調べる。少し時間があるので、駐車場前の店に入ってお茶にする。ごま餅というのを食べる、お椀に軟らかい小さい餅が三つ入っていて甘いゴマだれが掛けてある。

弁慶堂柱の孔に潜りゐる昔もをりしジガバチモドキ　敏明

三時四四分のバスに乗る。方向が反対だと思ったら、巡回バスで大回りして駅の方に戻って行く。駅が終点ではなかった。

ロッカーから荷物を出し、平泉駅発三時五七分で北に行く。北上で新幹線に乗り換える。四時三〇分北上駅着。同駅発四時三六分、新花巻駅四時四三分、盛岡駅には四時五五分着。

さすがに大きな都会だ。タクシーで繋温泉に向かう。運転手が話好きで、いろいろと喋る。しかし半分も聞き取れない。いよいよ補聴器のお世話にならなければと思う。自分で写した桜の写真を飾っている。「小岩井農場の一本桜」だという。バックに岩手山が写っている。岩手山は南部富士と言うが、岩鷲山という名もあるという。この辺りは安倍首相の支持者が多いのだという。ポスターがずらっと貼ってある場所もある。

繋温泉は人工の湖から少し登った坂の温泉町で、去年は裏山が崩れて、土石流で大変だったという。「四季亭」という宿で、「こうばい」という名の部屋、二一〇号室。どうやら今日は他にお客がないらしい。部屋に入ると裏山で何かが鳴いている。はるぜみだという。しかし聞き覚えのない声。係の女性は時代劇によく出る女優にちょっと似ている。

耳遠くなりたる故か春蟬と言はれし声もしかと分からず　敏明

素子とりさは、湯めぐりの券をもらって他の旅館に出かけ、みほは館内の風呂に。一人でテレビを見ていたら「はぐれ刑事純情派」の最初の頃のをやっている。出ている人が皆若い。特に二人の娘が若く、下は女学生か。

皆が戻って来て、食事の支度ができたというので、途中だが隣の部屋へ行く。どこも空いているので隣に料理が並べてある。この夜は誰も写真を撮ろうとしなかった。メニューを印刷した紙が置いてあり、一品ずつ運んで来る。量は少ないがさまざまな材料が使われている。最初の「山菜さらだ」には、うるい・しどけ・蕨・姫竹・スナックエンドウ・独活・ばんなと献立にはあるが、どれがどれか分からない。「御造り」は本鮪小角・白身切重ね・北寄貝・赤貝が二切れずつ乗っている。おいしくて料理のほとんどを食べてしまった。旅館の料理ではいつも天麩羅が多くて食べられないのに、今日の料理には附いてなかった。

部屋に戻ると蒲団が敷いてあった。控えの間にベッドが二つあり、そちらにみほとりさが寝る。寝る前に旅館の中の風呂に行くが、熱くて入れない。お客がいないので調節してないのだろう。外に露天風呂があったのでそちらに入る。こちらも少し熱めである。

盛岡

六月三日(火)、今日も天気がいい。六時一〇分に起き、六時二五分に四人で散歩に出る。すぐそばに繋ぎ石というのがある。真中に孔が開いている。ここに馬の綱をつないだというが、小さい孔である。上に温泉神社がある、石段で少し登る。柱に孔があるほど古くはない。下りてまた下の方に歩くと猫石という大きな石が柵で囲んである。しかし猫の形には見えない。さらに下ると湖に出た。人造湖で灌漑用だという。結構大きい。歩道の上に植物を寄せ植えした籠が吊るしてあり、お兄さんが先の曲がったパイプで水をやっている。写真を撮って素子が何か話しかけている。流木があるというので水際まで行ってみるがいい木は無い。釣りをしている人が一人。少し曲がって帰ろうと左に折れる。少し行ってまた左折。道は登りになる。藤倉神社というのがあり、湧き水でおじさんがペットボトルに水を汲んでいる。水量は多く冷たい。以下はみな私の歌である。

中央に孔の開きたる繋ぎ石繋温泉その名の由来　敏明
この清水賢治も飲みしか藤倉の枝垂れ桂は枯れて今無し　敏明
また左折すると正面に猫石が見える。
細き道下りて行けば正面に猫石のあり御幣を巻きて　敏明
土石流下りし道か側石の剝がれたるあり取れしままあり　敏明
宿に七時半に帰り、三人は風呂に行く。新聞が来ている。
旅の宿岩手日報読みゆくに我が家と同じ「親鸞」の載る　敏明
八時朝食、また隣の部屋。八時〜九時。
朝食の赤き卵は小岩井の温泉卵とメニューは記す　敏明
荷物を整理し、九時五〇分に下に下りる。例によって玄関前で写真をお姉さんに撮ってもらう。何枚か撮ったが最初のは宿の看板がメインになっている。なるほど。宿の女将と

岩手大学農学部

お姉さんに見送られてタクシーで盛岡駅へ。ロッカーに余分な荷物を預け、観光に出発。駅前に大きな枝垂れ桂がある、写真を撮っていると、そこに座っていたおじさんが、市の木だと教えてくれた。

タクシーで旧盛岡高等農林学校、現在の岩手大学農学部の一隅にある、百年記念館に行く。この運転手も話好き。すぐそばまでタクシーが入ってくれた。昔の北大のように、構内には自由に出入りでき、おおらかな感じ。前に池があり全体にスイレンが咲いている。男子学生が二人、何かやっている。見ていたら草の穂でザリガニを釣ろうとしていたらしい。

隣接の農業教育資料館は誰も見物人が居な

い。この建物は旧盛岡高等農林学校本館で、一九一二年（大正元）に建てられ、一九九四年（平成六）七月に重要文化財に指定された、我が国の学校建築の歴史を知る上で貴重な建物である、と説明にある。二階は講堂になっていて、片側に歴代の卒業集合写真が飾ってあるのみ。下は多くの部屋があり、いろいろな昔の資料、顕微鏡のような実物が置いてある。最初の部屋に賢治関係の本が沢山置いてあったが見たことのない本が多い。地方出版のものもある。

ここを出て少し歩き、中央病院前からバスに乗る。一二時半。盛岡城跡公園の隣に桜山神社というのがあり、掲げてある旗に「向かい鶴の家紋」がついている。これは南部家の家紋でもある。右の旗には五穀豊穣、左は領民安堵とある。寄ってみる。神社の人が芒の葉のようなものを選り分けているので家紋のことで少し話をする。この向かい鶴は多くの神社などが使っているが、微妙に違いがあるという。裏の高いところに烏帽子岩という大きな岩がある。トイレを探していたら、神社の中のトイレを使わせてくれた。帰りに見たら茅の輪を作っていた。薄かと思っていたのはチガヤだった。

まだはやいが、ちゃぐちゃぐ馬こが始まるので、お客さんのために作るのだという。

百年記念館・宮澤賢治センター

旧盛岡高等農林学校正門

茅選り縛りて大き輪を作る桜山神社は祭りの支度　敏明

昼を食べようと、桜山神社の前の小路を入ったところの小さな店に入りじゃじゃ麺を注文する。りさはこれが食べたかったらしい。白龍という小さいが歴史のある店らしい。全員が小を注文したが、けっこう多くてやっと食べた感じ。冷やし蕎麦のような皿で上に肉の入った味噌が乗っている。これを全体に混ぜる。味はまあまあ。食べ終わったら置いてある生玉子を一つ割って、かきまわしてカウンターに出すと熱い汁を入れてくれる。二度味わえるというところがミソらしい。

じゃじゃ麺を初めて食す混ぜる味噌店の秘伝と味も違ふと　敏明

ここを出て少し歩き、「もりおか歴史文化館」に入る。盛岡の南部家の歴史の特別展をやっている。下にちゃぐちゃぐ馬コの衣裳を着せた馬の剝製が飾ってある。競走馬ではなく輓馬で足が太い。二階が有料で特別展である。何人かのおじさんがいたが一人が寄って来て説明をしてくれる。最初に時間の予定を聞き、あまり時間が無いので重要なところだけということで、順路に従って説明しながら移動する。

「注文の多い料理店」出版の地

賢治のレリーフ

盛岡の南部家のこと我が家との
かかわりあるや聞けどわからず
敏明

盛岡の南部は山梨の南部から移ってきたもので元は山梨だという。初代が南部信直という。家の家系図にこの名が出てくるか調べようと書きとめる(帰ってから探したがなかった)。いろいろ説明してくれるが、記憶に残らない。歴史的な図表の長いのがあるが、最後の何行かが、本当の記録である感じ。

他家から嫁入ったお姫様の嫁入り道具が飾ってある場所があった。古びてなく、作られてから使われてない感じ。奥方は江戸詰めで婚家へは入らなかったので、こういう道具類もあまり残っていないのだという。

少し離れているのでタクシーで光原社へ。道路の両側に店がある。片方は陶器、織物などの店、道をはさんで反対側は奥が深く、ずっと入って行くと突き当たった下に大きな川が流れている。これが北上川である。この小路の脇に賢治関係の碑や出版関係の資料館のような部屋がある。ここに古い「光原社」と書いた木の看板があった。

この名は賢治が考え、棟方志功が彫ったという説明が付いている。石のマイマイや、蛙の像なども置いてある。

光原社中庭に置くまひまひは石造りにて目も角もなし　敏明

古き木の「光原社」なる看板は棟方志功の彫りしものとふ　敏明

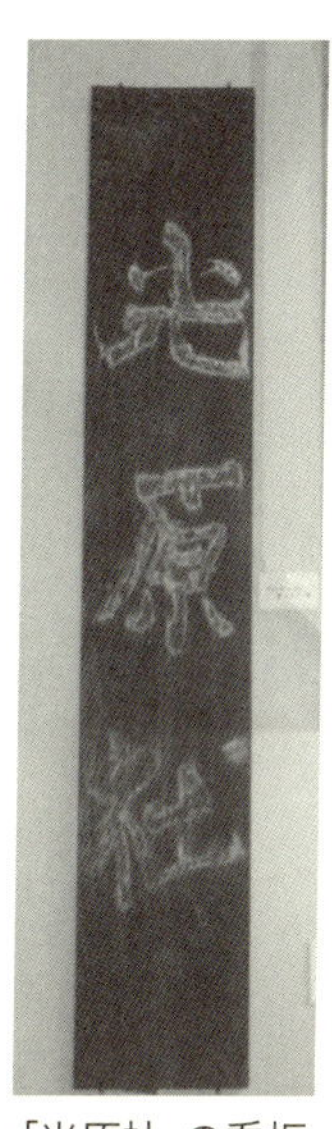

「光原社」の看板

塀には賢治の詩や文章の一節が書かれている。茶飲み茶碗を一つ買った。そう言えば今使っている茶飲み茶碗は砥部焼で、やはり家族旅行で買った物だが、口がちょっと欠けていた。

駅まで歩く。歩道わきに賢治の座像がある。あまり似ていない。行き過ぎてから、りさが鼠がいると言う。引き返して見ると賢治の手に隠れて鼠の像がある。覗かないとわからない。この写真を年賀状に使ったら、と言うので写しておく。でも鼠年まであと幾年だろう。

歩いて盛岡駅に戻る。四時一五分、ロッカーから荷物を出し、三人がおみやげを買っているのを待合室で待つ。本を読んでいたらうとうとした。

道路脇の賢治の像

手のかげにネズミ

南部家の家紋の鶴の打ち菓子を盛岡に買ふ土産にせんと　敏明

向かい鶴を打ち出した落雁を昔取り寄せ、歌会で配ったことがあった。同じものだとばかり思っていたら、紅白の砂糖を固めたような打ち菓子だった。製造元は同じだが、皇太子ご成婚献上菓というシールが貼ってあった。

新幹線は五時〇六分発。ガラガラだったが止まる度にすこしずつ乗って来て、仙台あたりでだいぶふさがった。大宮駅七時三五分、みほはそのまま乗って行く。私たちはここで乗り換え。上越新幹線の自由席も空いていた。大宮の次が熊谷であっという間に着いてしまった。熊谷でだいぶ時間がある。二人は夜食などを買っている。熊谷駅発八時三五分。家についたのが九時一五分だった。それからギョーザを焼いたりして夜食、電車の中で何かつまんだせいか、ほとんど食べられなかった。

宮澤賢治略年表

●一つが一年を表している。

・明治二九年（一八九六）八月二七日岩手県稗貫郡花巻町に誕生
六月三陸大津波　八月陸羽大地震

・全国的にウンカ発生

・妹トシ生まれる

・

・

・五歳　妹シゲ生まれる

・明治三五年　東北大凶作　赤痢に罹患　父政次郎も看病中に感染

・花巻川口町立尋常高等小学校入学

・日露戦争　弟清六生まれる

・日本海海戦　日露講和条約

・一〇歳　鉱物・昆虫採集に熱中

・明治四〇年（一九〇七）義務教育六年制となる

・

・旧制盛岡中学校入学　寄宿舎生活
・
・一五歳　短歌を作り始める
・明治四五・大正元年（一九一二）
・大正二年　新舎監排斥運動の首謀者として寮を出され、寺に下宿
・盛岡中学校を卒業　入院　初恋　『漢和対照妙法蓮華経』に感動
・盛岡高等農林学校（日本で最初の官立高等農林学校）首席入学
・大正五年　二〇歳　修学旅行で東京・関西へ、埼玉県秩父へ研修旅行
・一本杖のスキー練習　同人誌「アザリア」一～四号発行
・卒業後研究生として学校に残る　地質調査　童話を書き始める　トシの看護に上京
・トシと実家に戻る　浮世絵収集
・研究生修了　上京　国柱会入会　布教活動
・大正一〇（一九二一）年　二五歳　家出　出版社で働く　童話創作　トシ喀血で実家へ
後の花巻農学校（稗貫農学校）教諭
・二六歳　詩作開始　妹トシ死去
・傷心旅行で樺太へ、生徒の就職依頼も

・詩集『春と修羅』・童話『注文の多い料理店』出版

・草野心平と親交を結ぶ

・大正一五・昭和元年　三〇歳　三月三一日農学校を退職　羅須地人協会を設立

・昭和二年

・農業指導の過労から発病　急性肺炎を発症、以後二年ほど実家で療養

・

・昭和五年

・三五歳　東北砕石工場技師として製品の宣伝で上京中に発熱帰郷し療養　文語詩をつくる

・亡くなるまで151篇の文語詩を清書

・昭和八年（一九三三）九月二一日　死去　三七歳

あとがき

この本を出す気になったのは、宮澤賢治についての講演をしたことと、今の世の中に対して何か言い残しておきたかったからである。賢治が亡くなった昭和八年（一九三三）は日本が戦争にのめり込んで行く時代で、今の世の中と重なるところがある。既に日清・日露戦争、第一次世界大戦を戦い、一応勝って、右翼や軍部の力が日本を覆い始めた時代だった。今もその寸前にあるような気がする。この本が出る時には安保法案は成立し施行されているだろうか。戦後七〇年にして再び戦争のできる国になっただろうか。今まさにその瀬戸際に立っている。

私はもちろんこの法案は憲法違反だと思っているし、自衛隊も憲法違反だと思っている。私の高校時代は自衛隊を憲法違反だと思っている憲法学者の方が多かった（今でもそう思っている憲法学者がいることがわかった）。警察予備隊、保安隊、自衛隊と屋上屋を重ねてきたが、それは砂上の楼閣だと思っていた。二〇一五年七月九日の東京新聞には一面に大きくこの法案について憲法学者へのアンケートの結果が載っている。回答を寄せた二〇四人中憲法違反だとする学者が九割だという。

教員になって右傾化していく世の中をずっと見てきた。その象徴的なものが「君が代・日の丸」問題だったかもしれない。今また国立大学に日の丸・君が代の押し付けが始まり、選挙権を一八歳以上にすることとの関係で思っていた通り、教員の「政治活動に罰則を」という法案が通ろうとしている。以前上程されたが廃案になったものを数の力で通そうというのである。

この右傾化をただ黙って眺めてきたわけではない。私も処分を受けながら、反対してきた。管理職試験は受けなかったし、最後まで組合員でいることがささやかな誇りだった。しかしこの流れを身体を張って喰い止めようとしたわけではなかった。そこに蜂と賢治がいたからかもしれない。蜂は科学的なものの考え方の一方の核だった。私の担任していた女の子が家出をしたことがあった。その親は拝み屋さんに占ってもらい、〜の方角に無事でいる、と聞かされて安心していた。埼玉県でもまだそういう世界が残っていた。生徒にも「口裂け女」を信じるというものがいた。私が生物を教えながら言いたかったのは「科学的なものの見方、考え方」だった。「方角」とか「たたり」とか「占い」とか「あの世」は信じなかった。それを教えることも偏向教育なのだろうか。

もう一方の核に賢治がいたのだったろうか。そうはっきり考えていたわけではない。神も仏も信じない私にとって結局賢治は理解できないだろうとは思っていた。

私はもうあと幾年も生きられないだろう。その後の世の中がどうなっていくか、あまり見届けたいとも思わない。安倍晋三首相のような人間が増えていくことだろう。明治憲法を復活させたいという人もいるようである。この本が発禁になるような世の中にならないことを願っている。

この本の出版に際していろいろお世話になった方々、寄居町立図書館の廣島裕子氏、すずさわ書店の青木大兄氏、瀬戸井厚子氏に厚くお礼申し上げる。なおまとめるに当たって東京新聞日曜版（二〇一三年一〇月二七日）を参考にさせていただいたことを付記しておく。

あとがきに加えて

大学を卒業して農事試験場に奉職したが、結局四年勤めて退職し、埼玉県の高校の生物の教員になった。最初に勤めた埼玉県立児玉高等学校は、生徒は一年生で生物が必修だった。このような校内におけるカリキュラムの編成は学校独自の裁量に任されていた。

奉職二年目からは担任を持たされたが、担任しているクラスの授業が全く無いということになると、生徒に接する時間がほとんど無くなってしまうので、毎年のように一年生の担任をやらされた。持ちあがりではなく、毎年クラスを解体して組み直したので、それほどおかしいとは思わなかった。児玉高校には十年間居たが二年生の担任を一回やっただけで、三年生は一度も担任せず、ほとんど一年生だった。

一年ごとに別れてしまうこともあって、学年の終了時に文集をまとめることがよく行われていた。三年が卒業する時は、卒業文集として大抵つくっていたようである。

最初に担任した一年六組の文集が残っている。ＡＯＢＡという題で、この名前を付けたのも、表紙の文字をデザインして描いたのも生徒たちだった。習った各教科の先生方に短い文章を書いてもらったり、一年間の記録をまとめたりしたのも生徒だったし、各自が文章を載せている。埼玉県内の高校三校で三二年間勤めたが、担任したときはたいてい文集を作っている。このＡＯＢＡでは巻頭言のかわりに二つの詩が載っている。一つは高村光太郎の「道程」という詩で、これは生徒の選んだものだったが、もう一つは賢治の「生徒諸君に寄せる」で、これは私の希望だった。

最後に私が一篇の童話を載せている。「札幌」という題で、大学時代の思い出が元になっている。大学時代に書いたものを引っ張り出して載せたものである。今読み返してみると小学生の作文の域を出ないが、今までに私が書いた唯一の童話であり、賢治の影響が表れているので再録しておきたいと思う。家族には反対されたが、一クラスだけの読者では惜しい気がするという愛着を持っていたためでもある。

創作童話

札幌

冷たい朝でした。キレンジャクの一群が朝の食事をしていました。昨夜新しく積もった雪は、夜明けの太陽に美しく輝いていました。まだ街の人々は温かい蒲団の中にいるのでしょう。家々の煙突は静かに雪をのせて立っています。昨夜は少しもかぜがなかったので、雪は細い枝の上にも、真赤なナナカマドの実にも、やわらかくのっています。

三角帽子の雪をのせたナナカマドの繖形(さんけい)についた実をキレンジャクたちは横の方からついばんでは食べました。そしてのどがかわくと、雪をほおばって、またナナカマドの実を食べるのでした。

彼等は昨日、この雪の街へやってきたのでした。旅に疲れたキレンジャクたちに、街は沢山のナナカマドの木を用意していてくれました。すっかり熟れて霜と雪とに干しブドウのようになったナナカマドの実は本当にすばらしいごちそうでした。ウソだとか、ヒヨドリだとか、シメだとか、アトリだとか、他の仲間の鳥たちにも、それはこの上ないごちそうでした。でもそれらの鳥たちは、たいてい二・三羽がこっそり食べにくるので、家々の庭や、街を見おろす丘や、やまのナナカマドの実は少しもへってはいませんでした。キレンジャクたちは久しぶりに思い切り食べることができました。

やがて家々の煙突からは静かにストーブの煙が立ちのぼり、コトコトという包丁の音もきこえてきました。キレンジャクの仲間にも新しい日が始まったのです。

チュリとジュリは、去年の夏、シベリヤの原野で生まれた兄妹でした。二羽はいつも並んで食べたり、飛んだりしているのでした。

チュリたちの群れは割に小さな五〇羽ほどの群れでした。半数以上が去年生まれの若い女の子や男の子でした。彼等はいつも一緒に食事をしたり、遊んだりするのです。

木の枝や電線に一列に並んで、おしゃべりしながらお化粧をするのが毎日の日課でした。頭の後ろにピンとのびた軟らかい羽や、尾羽の先の黄色と、次列風切り羽の白い紋とその先についた真赤なウロコがとても目立って見えるのです。それに見とれた人がその下に立ち止まって見上げると、頭の飾り羽をいっそうピンと立てて、首をかしげたり、翼を立てて伸びをしたりして見せるのでした。シベリヤの原野で育った彼等にはまだ怖いものはないのでした。

街にはナナカマドの木が沢山ありました。当分食べものの心配はありません。午後になると群れはいっせいに飛び立って、街の上空を何回も何回も旋回するのです。それは日課の運動でもあり。また楽しい遊びなのでした。時には他の三つも四つもの群れといっしょになることもありました。その何百羽もの大群が、いっせいにチリリ、チリリ、ジュリ、ジュリと鳴き交わしながら頭の上を通り過ぎる時は、誰だって見上げずにはいられませんでした。尾羽の先端が赤いヒレンジャクの群れと出会うこともありました。

樹木を街は沢山持っていました。どこの家にも庭には大きな木がありました。でも今はそれらの木々はすっかり葉を落として、雪の中にひっそりと立っています。その中で、ナナカマドだけは赤い実をまだふさふさとぶら下げていました。

街の中心近くには、広い植物園がありました。そこにはエゾマツやトドマツの大木や緑の葉を付けた木も並んでいました。ジュリたちはよくそこに遊びに行きました。金毛のヒグマの檻のそばには、大きなカラフト犬が二頭、雪の中に気持ちよさそうに寝転んでいたりしました。その犬は二頭だけで、ひと冬を南極ですごしてきたということでした。またその少し北にある大学の構内にも、この街のできる前からそびえていたエルムの巨木をはじめとして、羽を休めるのに良い場所が沢山ありました。

「あたし、やどりぎの実がたべたくなったわ。」

ときには誰かがこんなことを言って、街はずれの藻岩山に遊びに行くこともありました。枯れ木のように葉を落としたダケカンバの大きな枝のあちこちに、ヤドリギだけが、小鳥の巣のように、丸くかたまりになって付いていました。その濃い緑色の葉の陰には、宝石のようなヤドリギの実が赤く輝いているのでした。

真っ青な空の下、銀色の山腹からは、スキーヤーの笑い声がきこえてきます。木の根もとのやぶの中に、干しブドウを見つけたチュリは、そっとジュリを呼んで食べさせてやるのでした。取り残された山ブドウが、厳しい寒気で甘いお菓子に変っていました。

ある日曜日の朝でした。チュリの仲間は郊外のある家の庭で、いっぱいに実を付けたナナカマドにむらがって朝の食事をしていました。

そのとき。ジュリは「パシッ！」という音を聞きました。そしてすぐ上の枝にいた友だちが、パッとはじかれたように飛び上がったかと思うと、そのまま真っすぐに雪の中に落ちていきました。何が起ったのか、彼等には分かりませんでした。一番下の枝にいた一羽は、

「どうしたの？」

と言うと、その後を追って雪の上に飛び降りました。

その時また「パシッ！」と音がして、一羽がするどい叫びをあげて飛び上がりました。しかしすぐふらふらすると、羽をとじて落ちていきました。

その叫びで、彼等は初めて危険を感じました。いっせいに飛び立った彼等のうしろからまたあの音が追いかけてきました。

おどろきと恐れで街を抜け、そのまま山の中まで飛んできて、やっと息をついた時、ジュリはあの二羽の友だちがもう帰ってこないのを知ったのでした。その日から、この街は彼等にとって平和なところではなくなっていったのでした。

街には何回か大雪がありました。家々の煙突から吐き出される石炭のススにうす汚れた街が、一夜のうちに純白な清らかさを取り戻すのはすばらしいことでした。そんな朝は、キレンジャクたちもあちこち飛び回ってみたくなるのでした。

それからまた、ひどい吹雪の夜もありました。どんなところにも、二重窓の部屋の中にだって、細かい細かい雪の粉が吹き込んでくるのです。音を立てているストーブの前で、窓ガラスにサーッと雪の吹き付ける音を聞くのは、何か楽しいきもちです。でも野外の鳥やけものにとっては、いちばんつらい時でした。風に負けないためには眠らずにいるしかありません。そして朝になって、仲間の減っていることもありました。

でもそれよりも彼等にとってもっと恐ろしいことが、少しずつ迫ってきました。それは食べものの欠乏でした。

あんなに豊富だったナナカマドの実も、もう残り少なくなっていました。ツグミの群れがこの街を通過していったために、ジュリたちの餌場はすっかり荒らされてしまったのでした。

街の中に一本ずつ離れて立っているいじけたナナカマドの木に、僅かに残っている実を求めて、危険をおかして出掛けなければなりませんでした。

山はすっかりブッシュが埋まり、一面の雪だけでした。コクワ、マタタビなどの木の実も、もうあらかた探しつくされて、見つけるのは容易なことではありませんでした。たまに残っているナナカマドの木を見つけると、しばらくほっとするのでした。

それは、彼等がこの街に来た時のように、珍しく静かな朝でした。

空はうすくバラ色に染まり、やがて地平線からは大きな太陽がゆっくりと昇ってきました。山々の斜面は一瞬金色にきらめき、小さな沢も、尾根もくっきりと浮き立って見えました。

藻岩山の裾近く、一軒の家の庭に、チュリたちは駆けおりました。素晴らしいごちそうを見つけたからです。その庭のナナカマドの木には、もう一つも実が無かったことを、思い出したものがいたとしても、その誘惑には勝てなかったでしょう。それにまだ朝も早かったし、何も危険は感じられなかったのです。

それは食べ残しの実ではありませんでした。いちばんおいしい時に収穫してこっそりしまっておいたものを出してきたといったように、立派な房が下がっていました。

かれらは夢中で食べていました。

その時です。何か真っ黒なものが襲いかかってくるように見え、同時に大きな叫び声がしました。危険にたいして敏感になっていた彼等は、いっせいに飛び立つと、すぐ後ろの山に向かって飛び去って行きました。

その時群れを離れて、一羽が一直線に引き返してきたのです。それはジュリでした。「たすけて!」というチュリの声が追いかけてきたからでした。

チュリは仲間の三羽と共にカスミ網に捕らえられてしまったのでした。もがけばもがくほど、目に見えない細い糸は、翼に、足にからまって、喰いこんでくるばかりです。

ジュリがチュリのそばに駆け寄ろうとするより早く、家の中から男の人が飛び出してきました。しかたなくジュリは群れの後を追って、飛び去っていきました。

「お兄さんが、お兄さんが……」

小さくなっていくジュリの声に、チュリはそっとさよならを告げたのでした。

空はしだいに雲が増え、いつもの北国の暗い、重たい空になりました。夕方からは雪になり、風もしだいに強まってきました。夜になると、もう全くひどい吹雪でした。

家の中ではゴーゴーと音を立ててストーブが燃え、その周りでは子供たちが楽しそうに遊んでいました。真っ暗な夜道は通るひともなく、ただ風と雪だけが渦巻いていました。

チュリの捕まったあの庭の、コクワの木の枝にじっと止まっているのはジュリでした。風はようしゃなく、細かい雪をたたきつけては通り抜けていきました。今日一日ジュリはほとんどこの庭を離れることはありませんでした。

ジュリの警告も聞かず、ナナカマドの実を食べに降りて、網にかかる他の群れもありました。

今、ジュリの翼や足はすっかりこごえ、動かすこともできませんでした。でもジュリは寒さもひもじさも感じてはいませんでした。チュリと一緒にすごしてきたこれまでのことが次々と胸に浮んでくるのでした。

初めて巣から顔をだして、チュリと眺めたシベリヤの原野、そこは一面に高山植物が咲きみだれ、いい香りでいっぱいでした。それからの長く苦しかった旅。高い山脈を越えたとき、真っ暗な海峡を渡った時、その度にいつもはげましてくれたチュリ。この街に着いたときはどんなにほっとしたことでしょう。また河口の石狩の町まで遠出したときのこと……そして今朝……。

ジュリの目はもう何も見てはいませんでした。涙が凍って目をふさいでいるのにも気がついていませんでした。

真っ暗な吹雪の中に、煙突の先だけがぼーっと輝いてみえました。そこだけは雪も飛込むことはできず、曲がって行ってしまうのでした。

そのときジュリは、その赤い火の粉の中にチュリの呼ぶ声を聞いたのです。

「ジュリ、おいで！　一緒に行こう。」

「今行くわ、お兄さん。」

「どこまでも、一緒に行こうね。」

いまジュリは自由に飛ぶことができました。

翌朝、家のかげの深い吹き溜まりの雪の下に、ジュリは軟らかく包まれて眠っていました。雪は何事もなかったかのように、すべてのものを新しくし、すべてのものをやさしくつつんでいるのでした。

それから幾日かたった、早春の冷たい風の空に、一群のキレンジャクが飛び立って行きました。それはあの群れでした。

スモッグの下に小さくかすんでいく街に、彼等が初めて来た日、ナナカマドの実は何と美しく輝いていたことだったでしょう。でも街は群れの三分の一を奪ってしまったのでした。チュリもジュリも、もう群れの中に、その姿を見つけることはできませんでした。

再びよみがえってきた春と共に、彼等は自分たちの故郷、やさしい自然をまぶたの裏に描きながら北の空へとしだいに小さく、融け入るように消え去っていきました。この北国の街にも、雪解けのきせつが訪れてきたのでした。

著者略歴
南部敏明（なんぶ としあき）
1935 年　東京で生まれる
1945 年　学童集団疎開を体験
1960 年　北海道大学農学部卒業・関東東山農事試験場
1964 年　埼玉県立児玉高等学校
1974 年　埼玉県立越生高等学校
1984 年　埼玉県立寄居高等学校
1996 年　同校定年退職

著　書
『昆虫たちの世界』（誠文堂新光社、1975）
『埼玉県動物誌』（埼玉県教育委員会、1978）
『埼玉県昆虫誌Ⅲ』（埼玉昆虫談話会、1989）
『皇居・吹上御苑の生き物』（世界文化社、2001）
『田んぼの虫の言い分』（農山漁村文化協会、2005）
〔以上共著〕
『私の学童集団疎開』（すずさわ書店、2012）

現住所
〒 369-1202　埼玉県大里郡寄居町桜沢 2397－2
TEL：048-581-2172

宮澤賢治を追って——イーハトーボの虫たち

発　行　2016年5月5日　初版

著　者　南部敏明
発行者　青木大兄
発　行　株式会社すずさわ書店
埼玉県川越市脇田本町 26-1-306
TEL:049-293-6031
FAX:049-247-3012
用　紙　柏原紙商事株式会社
印刷・製本　株式会社双文社印刷

ISBN978-4-7954-0293-5 C1040